Moderne Wirtschaftsgestaltungen

herausgegeben von

Kurt Wiedenfeld

Heft 9:

Die oberschlesische Montanindustrie vor und nach der Teilung des Industriebezirks

von

Dr. Paul Deutsch

Bonn 1926

A. Marcus & E. Weber's Verlag (Dr. jur. Albert Ahn)

Die oberschlesische Montanindustrie vor und nach der Teilung des Industriebezirks

von

Dr. Paul Deutsch

Bonn 1926

A. Marcus & E. Weber's Verlag (Dr. jur. Albert Ahn)

Otto Wigand'sche Buchdruckerei G. m. b. H., Leipzig

Meinen Eltern

Vorwort

Am 21. März 1921 endete in Oberschlesien der Abstimmungskampf mit einem vollen Siege des Deutschtums. Trotzdem entschied der Genfer Spruch nicht für uns. Am 18. Juni 1926 sind vier Jahre vergangen, seitdem der blutige Schnitt durch Oberschlesien gezogen wurde und dem östlichen Lungenflügel der deutschen Wirtschaft die schwere Wunde geschlagen worden ist.

Unter Mißachtung unseres Rechts wurde durch den Gewaltspruch der größere Teil des Industriebezirkes mit einem Lande politisch vereinigt, mit dem ihn weder wirtschaftliche noch völkische Bande verknüpfen. Mit begründeter Besorgnis mußte man daher bei der Teilung der nächsten wirtschaftlichen Entwicklung entgegensehen. Diesseits und jenseits der Grenze war infolge der willkürlichen Trennung vom einheitlichen Organismus die Lebensfähigkeit der Industrie in Frage gestellt.

Nach der Teilung des Industriebezirkes hat der Kampf um Rhein und Ruhr das Interesse, das die Allgemeinheit bei der Abstimmung Oberschlesien entgegengebracht hatte, nach Westen gelenkt. Seitdem sind die bedeutsamen Veränderungen, die im Südosten des Reiches vor sich gegangen sind, nicht immer erkannt und gewertet worden.

Im Westen und Osten Oberschlesiens befindet sich die Industrie in einem harten Kampf um die Existenz, der hier und dort durch die allgemeine Wirtschaftslage, besonders aber durch die Zerreißung des Reviers verursacht ist. Insbesondere bestätigt die verzweifelte Lage der ostoberschlesischen Industrie nach dem Ausbruch des deutsch-polnischen Zollkrieges die Tatsache, daß eine Teilung Oberschlesiens wirtschaftlich unmöglich, die Genfer Entscheidung ein Fehlspruch ist.

Die vorliegende Arbeit will nach einer kurzen Darstellung der Grundlagen und Grundlinien der industriellen Entwicklung Oberschlesiens die durch die Grenzziehung neu geschaffene Lage, das wirtschaftliche Geschehen nach der Teilung und damit die Bedeutung der oberschlesischen Montanindustrie in Vergangenheit und vor allem in der Gegenwart untersuchen. In diesem Sinne soll sie einen Beitrag zur „oberschlesischen Frage" bilden. —

Für freundliches Entgegenkommen bei der Materialbeschaffung bin ich dem Oberschlesischen Berg- und Hüttenmännischen Verein in Gleiwitz, der Handelskammer in Oppeln und dem Oberbergamt in Breslau, hier besonders dem inzwischen verstorbenen verdienstvollen Berghauptmann, Geh. Oberbergrat Professor Voelkel, zu Dank verpflichtet. Land und Leute sind mir als Oberschlesier aus dem uns entrissenen Gebiet wohl vertraut.

Leipzig, am 4. Jahrestage des Vollzugs der Teilung Oberschlesiens.

Der Verfasser.

Inhaltsübersicht

I. Teil

Grundlagen und Grundlinien der industriellen Entwicklung Oberschlesiens vor der Teilung des Industriebezirks

1. Abschnitt

Natürliche Grundlagen

Oberschlesien, „ein zumeist wenig fruchtbares Land", verdankt seine Geltung in der Weltwirtschaft der Montanindustrie, die auf engem Raum im äußersten Südosten des Deutschen Reiches erblüht ist. Es umfaßt 12 941 qkm und ist zu 95 Proz. nur dünn besiedelt, denn die Hälfte der 2 284 000 Einwohner bevölkert den nur 500 qkm großen Industriebezirk [1]).

Weit abgerückt von den Brennpunkten des Weltverkehrs hat die Laune der Natur hier für mannigfache industrielle Betätigung die Grundlagen geschaffen, deren wichtigste die Steinkohle des oberschlesischen Steinkohlenbeckens ist.

Warum hat dieses Steinkohlenbecken eine so große Bedeutung erlangt? Ein Blick auf seine Ausdehnung und den geologischen Aufbau ist am besten geeignet, die Antwort auf diese Frage zu geben.

Unter dem oberschlesischen Steinkohlenbecken im weiteren Sinne versteht man das Gebiet, das sich vom Oberlaufe der Oder über die alte Reichsgrenze hinaus erstreckt und, über den Oberlauf der Weichsel hinauslaufend, den Fuß des Karpathensystems erreicht. Die Ansichten über die genaue räumliche

---

[1]) Besiedelungskarte von Oberschlesien, entworfen von Wilhelm Volz. Veröffentlichung der Schlesischen Gesellschaft für Erdkunde. Breslau 1922, Heft 3, S. 12.

Ausdehnung gehen bei den einzelnen Autoren sehr auseinander. Nach Michael[1]) entfielen auf

Preußisch-Oberschlesien . . .	2 800 qkm	oder	48,6	Proz.
den österreichischen Anteil . .	2 517 „	„	43,5	„
den russischen Anteil	440 „	„	7,9	„

Das produktive Karbongebiet ist wie in den Revieren Nordfrankreichs, Belgiens und im rheinisch-westfälischen Bezirk paralischer Natur; es weist Spuren von Meeresüberflutungen, marine Fossilien, auf. Bemerkenswert erscheint die Tatsache, daß das östliche Oberschlesien durch vorwiegend sedimentären Aufbau charakterisiert ist, im Gegensatz zum Westen Schlesiens, der durch kristallinen Schiefer und Eruptivmassen gekennzeichnet ist[2]).

Bei der Betrachtung des geologischen Aufbaues haben die ältesten Formationen für uns wenig Interesse. Wichtiger ist für unsere Zwecke die Kenntnis des über der Kohle lagernden Deckgebirges. Die Permschichten, in Oberschlesien durch Rotliegendes vertreten, sind von den Triasschichten überlagert, über deren Ausdehnung man beim Abteufen der Kohlenschächte genauere Kenntnis erlangt hat. Die Schichten des Triasmuschelkalkes haben infolge des Erzgehalts besondere Bedeutung. Sie sind bekannt als die Beuthener erzführenden Dolomite. Fast die gesamte Förderung von Zink und Blei ist um diese Beuthener Triasschicht konzentriert. In den nach Norden verlaufenden Tarnowitzer und Georgenberger Schichten dieser Formation findet man Eisenerze. Die Muschelkalkschichten sind auch die großen Wasserbehälter des ganzen, sonst wasserarmen Industriebezirks. Aus einer Tiefe von 100—120 m tritt das Wasser aus dem Muschelkalk artesisch zutage.

---

[1]) Michael, die Geologie des oberschlesischen Steinkohlenbezirks, Abhandlungen der Preußischen Geologischen Landesanstalt N. F. 71 und in Band 1 und 2 der Festschrift zum XII. Allgem. Deutsch. Bergmannstage in Breslau 1913.

[2]) Quitzow, der paralische Charakter des oberschlesischen Steinkohlengebirges. Glückauf S. 1377 ff., 1913, und Hans Cloos, der Gebirgsbau Schlesiens und die Stellung seiner Bodenschätze. Berlin 1922.

Auf der Jura- und Kreideformation sind die Tertiärschichten aufgebaut, die den stärksten Anteil am Deckgebirge haben. Das Miozän umfaßt den südöstlichen Teil des ganzen Beckens und erstreckt sich von Gleiwitz-Orzesche aus nach Westen über die Oder. Es enthält Gipslager im Südosten zwischen Rybnik und Gleiwitz, Salzlager in dem Dreieck Rybnik, Orzesche, Sohrau und Braunkohlenlager im Odertal.

Ebenso einfach ist auch die Formation der Steinkohle gegliedert, auf die man, abgesehen von einigen sogar zutage tretenden Flözen, schon in einer Tiefe von 150 m stoßen kann. Michael unterscheidet zwei große Hauptgruppen: eine Muldengruppe, der als Nebengruppe die sogenannte Sattelgruppe im Nordosten angegliedert ist, und eine Randgruppe, die Ostrauer Schichten im weiteren Sinne, Rybniker Schichten alter Bezeichnung. Das Hauptgewicht der Produktion lag bisher auf der Sattelgruppe, die sich zwischen Hindenburg und Myslowitz hinzieht. Die Randgruppe, die in einem nach Nordosten geöffneten Winkel die Muldengruppe umrahmt, ist in ihrer westlichen und südlichen Ausdehnung am wichtigsten.

Die Skizzierung des geologischen Aufbaues hatte vor allem den Zweck, einen der Vorzüge des oberschlesischen Steinkohlenbeckens, das Über- und Nebeneinandervorkommen verschiedener Bodenschätze, hervorzuheben.

Die Sonderstellung des oberschlesischen Bergbaues beruht aber noch auf einer Reihe von andern Vorzügen. An erster Stelle ist die Mächtigkeit der Flöze zu nennen. Auf die sechs Hauptflöze der Sattelgruppe entfallen annähernd 30 m abbauwürdige Kohlen. Stellenweise erreichen die Flöze eine Mächtigkeit von 10 bis 12 m. Die Grubenbaue können dementsprechend hoch angelegt werden, so daß der oberschlesische Arbeiter nicht wie der westfälische Bergmann die ganze Schicht über in gebückter Haltung oder liegend vor Ort ausharren muß. Außerdem fällt bei der Förderung die geringe Tiefenlage sehr vorteilhaft ins Gewicht. Im Zusammenhang damit ist hinsichtlich der im Bergbau sehr wesentlichen Wärmeverhältnisse der oberschlesische Bergarbeiter sehr günstig gestellt. Auch von den schlagenden Wettern, die in der Regel nur in größeren Tiefen die Bergarbeiter bedrohen, ist Oberschlesien im allgemeinen verschont.

Als weiterer Vorzug ist die Beschaffenheit der oberschlesischen Kohle ins Feld zu führen.

Eine spezifische Eigenschaft der oberschlesischen Kohle ist der hohe Gasgehalt. Das bedeutet gute Entflammbarkeit, also leichtes Entzünden und Verbrennen. Da das entweichende Gas mitverbrennt, geht der Verbrennungsprozeß verhältnismäßig langsam, jedoch bei großem Heizeffekt vonstatten. Der starke Gasgehalt ist überdies für die Gewinnung von Nebenprodukten von großer Bedeutung. Die Überreste unverbrannter Bestandteile sind bei dem niedrigen Aschengehalt sehr geringfügig. All diese Vorzüge haben die oberschlesische Kohle im Hausbrand sehr beliebt gemacht, und auch zur Dampf-Erzeugung wird sie mit Vorteil verwandt. Den Vorzug der Reinheit der oberschlesischen Kohle setzt Gäbler[1]) an erste Stelle.

Bei der Beurteilung der Qualität einer Kohle darf man jedoch nicht zu viele gute Eigenschaften erwarten. Man muß berücksichtigen, daß oft gerade die eine Eigenschaft eine andere, die man auch wünscht, ausschließt. Aus den Vorzügen der oberschlesischen Kohle ergibt sich ein großer Mangel: Es sind verhältnismäßig wenig backfähige, zur Koksbereitung geeignete Kohlen vorhanden. Die große Menge der oberschlesischen Kohlen eignete sich nach dem bisherigen Stand der Technik nicht zur Koksbereitung, da die Gase die Kohle im Schmelzungsprozeß immer wieder auseinanderreißen und die niedrige Temperatur nach Entströmung der Gase die Kohle nicht zerschmolzen zu erhalten vermag.

In den Berechnungen der Geologen über den Kohlenvorrat der einzelnen Bergbaubezirke steht Oberschlesien an erster Stelle. An und für sich sind derartige Angaben über Vorrat und Lebensdauer von Steinkohlenrevieren mit Vorsicht zu gebrauchen. Verschiedene Faktoren wirken auf das Ergebnis ein, und die Veränderung einer Größe kann das Resultat der

---

[1]) Gäbler, Das oberschles. Steinkohlenbecken. Kattowitz 1906, S. 233.

Vorratsberechnungen wesentlich ändern. Doch betont Frech[1]), daß die neuesten Angaben über die Kohlenvorräte Deutschlands auf genaue und einwandfreie Berechnungen gestützt sind. Die Berechnungen Frechs und Bökers haben zu fast gleichen Ergebnissen geführt. Nachstehende Tabelle ist nach den Angaben Frechs zusammengestellt.

Teufenstufe	Anstehende Kohlenmengen in Millionen t — in Oberschlesien		in dem gesamten Dtsch. Reich	
	Gruppe A[2])	Gruppe B[3])	Gruppe A	Gruppe B
0—1200	74 825	106 742	141 537	194 537
0—1500	90 392	129 327	194 323	271 984
0—2000	113 995	165 987	290 163	409 966

Unter Zugrundelegung der 1500 m Teufenstufe und einer Steigerung der Produktion auf 75 Millionen Tonnen (im Jahre 1913 betrug die Gesamtförderung 44 Millionen Tonnen) ergibt sich eine Lebensdauer von 1200 Jahren. Englands Kohlenvorrat ist für 200—300 Jahre, der Kohlenvorrat Nordamerikas für etwa 200 Jahre ausreichend berechnet worden. —

Im Hinblick auf die reichen Schätze mannigfacher Art, die, auf engem Raum in verhältnismäßig geringer Tiefe im oberschlesischen Becken angehäuft, die natürlichen Grundlagen für eine vielseitige Industrie bilden, konnte daher Heinitz mit Recht an seinen König schreiben:

„Die Natur hat sich in dieser Provinz wirklich so übertroffen, daß . . . dieselbe in Ansehung der Bergprodukte eine der reichsten Provinzen in Eurer Majestät Staaten werden wird“[4]).

---

[1]) Frech, Die Kohlenvorräte der Welt, Stuttgart 1917, S. 42.

[2]) Zurzeit abbauwürdige Kohlen. In Oberschlesien für Muldengruppenflöze 1 m und mehr, für Randgruppenflöze 50 cm und mehr.

[3]) Gruppe B = Gruppe A, dazu die Vorratsmengen der bei A nicht berücksichtigten geringmächtigen Flöze.

[4]) Heinitz, Präsident des Schlesischen Bergwerks- u. Hüttendepartements, an Friedrich den Großen. Brief v. 2. Okt. 1779. Fechners Geschichte des Schlesischen Berg- und Hüttenwesens. Zeitschr. f. d. Berg-, Hütten- und Salinenwesen (Band 48—50), 1901, S. 256. Berlin 1900—1902.

2. Abschnitt

Entwicklung und Bedeutung der oberschlesischen Montanindustrie vor der Teilung

1. Der Kohlenbergbau

Die Anfänge der oberschlesischen Montanindustrie führen weit in das Mittelalter zurück. Nur der wichtigste Zweig, der Steinkohlenbergbau, kann auf noch kein hohes Alter zurückblicken. Lange Zeit kam man bei dem Holzreichtum, den Oberschlesiens schier undurchdringliche Wälder aufwiesen, nicht auf den Gedanken, die Kohle als Brennstoff zu nutzen, und selbst die Erze wurden mit Holzkohle verhüttet. So gehen die Nachrichten über den Steinkohlenbergbau nicht über die Mitte des 18. Jahrhunderts hinaus.

Lange Jahre konnte sich der Bergbau nicht recht aus seinen Anfängen heraus entwickeln, bis in den letzten Regierungsjahren Friedrichs des Großen durchgreifende Abhilfe geschaffen wurde. Von Friedrich II. eingesetzte Beamte haben am Ausgang des 18. Jahrhunderts den Grundstein für die Entwicklung des Bergbaus gelegt. 1791 wurde von Heinitz und Reden die (1811 so genannte) Königin Luise-Grube angelegt, deren Kohlen sich zur Koksbereitung geeignet erwiesen.

Durch das Beispiel des fiskalischen Bergbaues angeregt, erwachte auch der private oder gewerkschaftliche Bergbau, und neben diesen beiden Gruppen entwickelte sich der eine Sonderstellung einnehmende Bergbau des Fürsten von Pleß.

Allerdings blieb die Bedeutung des Bergbaues streng lokaler Natur. „Eine Meile Landweg bedeutete für den Massentransport ungefähr soviel wie jetzt 20 Meilen Bahnentfernung, und drei bis vier Meilen waren kaum zu überwinden“ [1]). Das Vorhandensein einer Eisen- oder Zinkhütte

---

[1]) Bernhardi, Ges. Schriften a. a. O., S. 322. (Geschichte der Bergwerksgesellschaft Georg v. Giesches Erben.)

war für die Kohlengrube eine Existenzfrage, da bei dem großen Holzreichtum der Hausbrand und auch die in den Waldungen vorhandenen Glashütten als Abnehmer nicht in Betracht kamen.

So mußte der Bau von Eisenbahnen außerordentlich belebend wirken. Das Jahr 1845, in dem in Oberschlesien die erste Eisenbahn erbaut wurde, bedeutet daher einen der wichtigsten Wendepunkte in der Geschichte der oberschlesischen Montanindustrie. Bald durchquerten die eisernen Pfade Oberschlesien nach allen Richtungen, breiteten ein engmaschiges Netz über das Land und stellten die Verbindung mit dem innerdeutschen und dem Weltmarkt her [1]).

Gleichzeitig erhielt auch das Unternehmertum eine freiere Stellung. Durch das Spezialgesetz vom 15. Mai 1851 und endgültig durch das Allgemeine Berggesetz vom 24. Juni 1865 wurde die „Revidierte Bergordnung" abgelöst und damit insbesondere mit dem der privaten Unternehmung hinderlichen Direktionsprinzip gebrochen.

Hierzu kommen die Neuerungen der Technik. Mit deren Fortschreiten wurde es möglich, in immer größere Tiefen vorzudringen und die Schachtanlagen großzügiger auszugestalten. Zum andern brachten sie es mit sich, daß seit 1860 von der Industrie fast ausschließlich Steinkohlen verwendet wurden.

Raumüberwindung durch die Eisenbahn, freie Entfaltung der Kräfte des Unternehmertums, das sich im Jahre 1888 nach der Krisis der 80er Jahre zur Wahrnehmung der gemeinsamen Interessen auf dem Kohlenmarkt in der oberschlesischen Kohlenkonvention zusammenfand, Fortschreiten der Technik und damit die wachsende Bedeutung des Kohlenbergbaus sieht man in folgenden Zahlen widerspiegeln:

---

[1]) Auf 100 qkm Landes kommen in ganz Oberschlesien 16,3 km Eisenbahn und 36,6 km Kunststraße, in Polen 2,6 bzw. 3,2 km, in Galizien 5,7 bzw. 3,7 km. Volz, „Oberschlesien und die oberschlesische Frage". Veröffentl. der Schles. Ges. f. Erdkunde, Berlin, Heft 1, S. 20.

Jahr	Werke	Belegschaft	Produktion in t
1820	28	974	146 782
1840	91	3 674	538 536
1860	89	12 759	2 478 276
1880	105	32 290	10 016 520
1900	57[1])	70 202	24 829 289
1913	63	123 349	43 801 056

In den Jahren 1908—1913 betrug der Anteil Oberschlesiens an der Gesamtförderung Preußens 24,4 Proz.; der Selbstverbrauch der Gruben einschließlich Freifeuerung der Beamten und Arbeiter belief sich auf 9 Proz., der Absatz durch Verkauf auf 91 Proz. der Produktion. Mit der Hauptbahn wurden 73,5 Proz. des Gesamtabsatzes abgesetzt, und zwar innerhalb des Reviers an die Koks- und Zinderanstalten 7 Proz., an die Eisenhütten 5 Proz., an die Zink- und Bleihütten 3,4 Proz.[2]).

In dem Absatz der oberschlesischen Steinkohlen lassen sich drei Abnehmergruppen unterscheiden:

1. der engere Industriebezirk,
2. der deutsche Osten,
3. das Ausland.

Da im engeren Industriebezirk die Hauptzweige der Montanindustrie und der Hausbrand nur etwa 15 Proz. der Gesamtproduktion verbrauchten, blieb der weitaus größte Teil für den Markt frei.

Auf dem Inlandsmarkt hat die oberschlesische Kohle mit einer großen Schwierigkeit zu kämpfen, der Transportnot, da viele Kilometer zurückgelegt werden müssen, bis man von

[1]) Diese Verringerung erklärt sich aus der schon 1873 einsetzenden Konsolidation mehrerer Felder zu einem Ganzen, um in wirtschaftlicherer Weise durch eine gemeinschaftliche Anlage ein größeres Feld zu erschließen.

[2]) Ermittelt aus der Statistik des Oberschl. Berg- u. Hüttenm. Ver., Kattowitz u. des Kohlenmarktes, Jahresb. der Kohlenhandelsges. Friedländer.

Oberschlesien aus an den deutschen Zentralmarkt gelangt[1]). Zudem ist sie fast ausschließlich auf den teuren Eisenbahntransport angewiesen, während die westfälischen und englischen Kohlen in den deutschen Wasserstraßen billige Wege finden, in das Herz Deutschlands vorzudringen. So kam es, daß die oberschlesische Kohle auf dem deutschen Markt nur in Teilgebieten herrschen konnte.

Während der Anteil der oberschlesischen Kohlen am Gesamtverbrauch Berlins in den Jahren 1890—1911 von 73 Proz. auf 38 Proz. gesunken ist, stieg der Verbrauch an englischen Kohlen von 7 Proz. auf 39 Proz. Im schlesischen Odergebiet und in der Provinz Posen herrschte die oberschlesische Kohle jedoch fast ausschließlich, und in Pommern, West- und Ostpreußen vermochte sie sich der englischen Konkurrenz gegenüber mit bedeutenden Mengen zu behaupten. In diesem vorwiegend landwirtschaftlichen Gebiet lieferte sie den Brennstoff für den Hausbrand, der im Osten Deutschlands wegen der erheblich strengeren Winter eine weit wichtigere Rolle als im Westen als Abnehmer spielt, und wurde die Grundlage für die zunehmende Industrialisierung. Eisenindustrie, Kalk- und Zementwerke, Ziegeleien, Brennereien, Brauereien, Zellulose- und Papierfabriken, Textilindustrie, Wasser- und Elektrizitätswerke verdanken der oberschlesischen Kohle ihr Dasein.

Als drittes wichtiges Absatzgebiet gewann schließlich das Ausland mehr und mehr an Bedeutung. Dies läßt sich schon daraus schließen, daß der Anteil des Auslandabsatzes am Gesamtabsatz in den Jahren 1887—1913 eine Steigerung von

---

[1]) Vom Mittelpunkt des Industriebezirkes sind entfernt:

Die Oder beim Koseler Hafen . .	70 km
Breslau	185 „
Frankfurt a. d. O.	425 „
Dresden	450 „
Berlin	500 „
Leipzig	530 „
Halle	560 „

vgl. W. Volz, „Oberschlesien“ a. a. O., S. 32.

24,3 Proz. auf 38,5 Proz. zeigt, während der Anteil des Inlandabsatzes von 75,7 Proz. auf 61,49 Proz. gesunken ist. Der Hauptabnehmer im Ausland war die Donaumonarchie. Rußland, das seine Grenzen durch einen hohen Eingangszoll verschlossen hatte, nahm erst kurz vor dem Kriege größere Mengen ab.

Die Bedeutung, die der Auslandabsatz Oberschlesiens für Deutschland hatte, läßt sich daraus ermessen, daß er über 50 Proz. des gesamten deutschen Ausfuhrüberschusses an Kohlen darstellte. Auf der Aktivseite unserer Handelsbilanz wurden die ausgeführten oberschlesischen Kohlen mit über 120 Millionen Mark ausgewiesen. Sie schufen allein einen Ausgleich gegen die importierten englischen Kohlen.

2a. Die oberschlesische Eisenindustrie

verdankt ihren Ursprung den Erzlagern der Triasformation, dem Vorhandensein sämtlicher Zuschlagsmaterialien und Brennstoffe in Form von Holz und Steinkohlen. Wann die Eisendarstellung begonnen hat, läßt sich mit Sicherheit nicht feststellen. Im Jahre 1365 soll bereits in Kutschau bei Tarnowitz ein Luppenfeuer gebrannt haben[1]). Bis in das 18. Jahrhundert hinein war jedoch das Eisenhüttenwesen Oberschlesiens ohne jede Bedeutung[2]). Erst in der preußischen Zeit setzte unter Heinitz und Reden ein völliger Um- und Aufschwung ein, und im Jahre 1834 war Schlesiens Eisenindustrie mit über 40 Proz. an der gesamten Produktion des Staates beteiligt. Bis 1840 vermochte sie diesen Platz zu behaupten. In der Folgezeit mußte jedoch die oberschlesische Eisenindustrie der westdeutschen

---

[1]) Festschrift anläßlich des 100jährigen Bestehens der staatlichen Hütte zu Gleiwitz. Gleiwitz 1896.

[2]) Das Eisen war derart minderwertig, daß von der preußischen Verwaltung die Einfuhr oberschlesischen Eisens in andere Provinzen des Staates verboten werden mußte. Albert Serlo, Beiträge zur Geschichte des schlesischen Bergbaues in den letzten 100 Jahren, Breslau 1869, S. 100.

Schwester, die nicht die Ungunst der geographischen Lage teilt, den Vorrang mehr und mehr überlassen [1]).

Unter den stürmischen Schwankungen, denen der Eisenmarkt, zumal seit den 70er Jahren allenthalben unterworfen war, hatte Oberschlesien um so mehr zu leiden, als die eignen Erze, die bis in die Mitte des Jahrhunderts eine ausreichende Versorgungsquelle gebildet hatten, nicht mehr ausreichten und sich überdies für die neuen Verfahren der Eisendarstellung (Bessemer und Thomas - Gilchrist) ungeeignet zeigten, so daß das Ausland mit steigenden Mengen in Anspruch genommen werden mußte. Das bedeutete eine Erhöhung der Gestehungskosten und Schwächung der Wettbewerbsfähigkeit gegenüber der westdeutschen Industrie. Eine weitere Schwierigkeit ergab sich daraus, daß die Donaumonarchie wieder schärfer ausgeprägte Schutztarife einführte und daß besonders Rußland die Zölle auf Eisen und Eisenfabrikate immer höher schraubte. Nach einer im Jahre 1880 einsetzenden Steigerung der Zollsätze erreichten die Erhöhungen bald ein solches Ausmaß, daß sie ein Vielfaches des Warenwertes bedeuteten, wodurch die Ausfuhr nach Rußland völlig lahm gelegt wurde [2]). Daß die oberschlesische Eisenindustrie unter den harten Schlägen nicht zusammengebrochen ist, ist vor allem dem Umstand zuzuschreiben, daß sie infolge des feudalen Charakters der Besitzverhältnisse in engem Zusammenhang mit dem Steinkohlenbergbau stand und die Verbindung zwischen Kohle und Eisen nicht erst wie im Rheinisch-Westfälischen Industriebezirk künstlich geschaffen zu werden brauchte. Es

---

[1]) Während im Oberbergamtsbezirk Breslau die Produktion an Roheisen in den Jahren 1840—1867 von 885 000 Ztr. auf 3,8 Millionen Ztr. 330 Proz.) stieg, hob sie sich im Oberbergamtsbezirk Dortmund von 138 100 Ztr. auf 5,6 Millionen Ztr. (4000 Proz.), im Bonner Bezirk von (1 048 000 Ztr. auf 6 330 000 Ztr. (500 Proz.).

[2]) V. Witschewsky, Rußlands Handels-, Zoll- und Industriepolitik Berlin 1905, S. 121 ff. Rußland empfing von dem gesamten Auslandsroheisenabsatz im Jahre 1884 44 000 t = 86 Proz. des Hauptbahnabsatzes, im Jahre 1891 900 t = 8,3 Proz. des Hauptbahnabsatzes. Festschrift Band II, a. a. O., S. 417.

konnten daher immer die Gewinne des Kohlenbergbaues zum Ausgleich etwaiger Verluste des Eisenhüttenbetriebes herangezogen werden.

Seit 1890 hat die oberschlesische Eisenindustrie, um wirtschaftlichen Störungen gegenüber weniger empfindlich zu werden, hinsichtlich Produktion und Absatz völlig neue Wege beschritten.

Zunächst wurden die alten und veralteten Anlagen unter Aufwendung großer Mittel den modernsten Anforderungen entsprechend verbessert. Von dem unrentablen Puddelverfahren hat man sich endlich immer mehr losgelöst, und dafür hat das Thomas-Gilchrist- und Siemens-Martin-Verfahren an Ausdehnung gewonnen. Besonders der Siemens-Martin-Ofen hat sich in Oberschlesien eingebürgert. „Seine wirtschaftliche Bedeutung liegt darin, daß er einen starken Zusatz von Altmaterial zu verarbeiten erlaubt“ und den verschiedenen Erzsorten nicht so wählerisch gegenübersteht wie der Thomasofen [1]). Den besten Einblick in die Wandlung, die sich im Produktionsprozeß um die Wende des letzten Jahrhunderts vollzogen hat, gibt uns eine Übersicht über die wichtigsten Zahlen aus der Produktionsstatistik [2]):

Roheisenproduktion.

(Produktion in 1000 t.)

Jahr	Gesamtproduktion an Roheisen	Gießereiroheisen	Bessemerroheisen	Thomasroheisen	Spezialroheisen	Puddelroheisen	Anteil des Puddelroheisens an der Gesamtproduktion
1890	509	29	12	124	—	342	67 1/2 Proz.
1900	747	66	57	226	4,5	392	52,44 „
1913	995	92	20	327	315	251	25, 2 „

[1]) Wiedenfeld, K., Ein Jahrhundert rheinischer Montanindustrie, Bonn 1916, S. 86.

[2]) Nach d. Stat. des Oberschl. Berg- u. Hüttenm. Ver., Kattowitz. (Im folgenden als „Kattowitzer Verein“ zitiert.)

In den Jahren 1904—1913 sank die Schweißeisenproduktion von 213 000 Tonnen auf 68 000 Tonnen, während die Flußeisenproduktion von 692 000 Tonnen auf 1 396 000 Tonnen stieg. An der Produktion von Flußeisenblöcken waren im Jahre 1913 die Siemens-Martin-Öfen mit 1 131 000 Tonnen, die Thomaskonverter mit 241 000 Tonnen beteiligt, während sich im Jahre 1890 hier die Produktionsziffern wie 65 : 103 (in tausend Tonnen, zugunsten der Thomaskonverter) verhielten. Die Gesamtproduktion der Verfeinerungsbetriebe stieg in den Jahren 1904—1913 von 187 000 Tonnen auf 328 000 Tonnen.

Diese durchgreifende Neugestaltung, die der Produktionsprozeß aufweist, ist von einer völligen Umstellung auf dem Absatzmarkt begleitet. Da infolge der protektionistischen Wirtschaftspolitik Rußlands der Absatz nach diesem Lande, und damit der Auslandsabsatz überhaupt, versiegte, hat Oberschlesien seine Erzeugnisse im Reiche unterzubringen suchen müssen. So ist es zu erklären, daß die oberschlesische Eisenindustrie sich fast ganz auf den deutschen Markt eingestellt hat. Diese Tatsache ist für die Beurteilung ihrer Lage nach der Teilung des Reviers von großer Bedeutung. Im Jahre 1911 entfielen 93,7 Proz. des Gesamt-Fertigeisenversands auf Deutschland. Auf den gesamten Inlandversand berechnet, wurden in demselben Jahre innerhalb des Regierungsbezirks Oppeln 39 Proz. abgesetzt, nach dem übrigen Schlesien gingen 21 Proz., nach der Provinz Posen 6,3 Proz., nach Ost- und Westpreußen 6,4 Proz., nach Pommern 2,8 Proz., nach der Provinz Brandenburg mit Berlin 11,6 Proz., nach dem früheren Königreich Sachsen 7,3 Proz. [1]).

Eine wesentliche Stützung verdankte die oberschlesische Eisenindustrie den Tarifermäßigungen der Eisenbahn, wodurch der Bezug fremder Erze und der Absatz nach entfernteren Gegenden erleichtert wurde. Eine dauernde Behebung der Transportnot stellte zudem die 1913 gesetzlich angekündigte

---

[1]) Festschrift Band II, a. a. O., S. 426.

durchgreifende Oderregulierung in Aussicht, so daß dieser Industriezweig immer mehr zu erstarken und sich noch weiter zu entfalten versprach.

2b. Die Zink- und Bleiindustrie

„Zink und Blei sind zu wertvoll, als daß die Entfernungen zwischen den Rohstoffstätten und dem Verbrauch für die Wettbewerbsgestaltung eine nennenswerte Rolle zu spielen vermöchten“ [1]). Die Entwicklung dieser Industriezweige war daher auch in Oberschlesien im großen ganzen ungehemmt.

Der Galmeibergbau, der schon in der Mitte des 16. Jahrhunderts in der Standesherrschaft Beuthen umgegangen war, erlangte erst am Anfang des verflossenen Jahrhunderts Bedeutung, als es dem Kammerassessor Ruhberg gelang, metallisches Zink, wahrscheinlich nach einem in England kennen gelernten Verfahren, herzustellen [2]).

1809 kam eine fiskalische Zinkhütte, die Lidogniahütte, in Betrieb, worauf auch das private Unternehmertum bald eine rege Tätigkeit entfaltete. Die Rohzinkerzeugung Oberschlesiens [3]) betrug

1809	108 t
1850	24 799 t
1900	102 213 t
1913	169 439 t

Bis in die Gegenwart hat die Bergwerksgesellschaft Georg von Giesches Erben in der Zinkindustrie die erste Stelle behauptet. An der Galmei- und Zinkblendegewinnung war sie 1913 mit 35,6 Proz. beteiligt.

Von der Gesamtproduktion unraffinierten Rohzinks entfallen im Jahre 1913 auf sie 24,8 Proz., auf die Hohenlohe Werke

---

[1]) Wiedenfeld, a. a. O., S. 142.

[2]) Bernhardis Gesammelte Schriften, a. a. O., S. 283 ff., u. Serlo, a. a. O., S. 81.

[3]) Nach Bernhardi u. d. Stat. des Kattowitzer Vereins.

A.-G. 22,2 Proz., die Schlesische A.-G. für Bergbau- und Zinkhüttenbetrieb 21,1 Proz., die Gräflich Henckel von Donnersmarcksche Verwaltung 14,1 Proz., die Oberschlesische Zinkhütten A.-G. 10,4 Proz. und die Fürstlich von Donnersmarcksche Verwaltung 7,4 Proz.

Zu welch einem bedeutenden Faktor in der deutschen Wirtschaft die oberschlesische Zinkindustrie sich entwickelt hatte, geht daraus hervor, daß Oberschlesien im Jahre 1913 an der gesamten deutschen Rohzinkerzeugung mit 60 Proz., an der Gesamtproduktion Europas mit 24,9 Proz. und der Welt mit 16,8 Proz. beteiligt gewesen ist [1]).

Ein Drittel der Rohzinkproduktion wurde in eignen Zinkwalzwerken weiter verarbeitet. Der Rest kam mit den Fabrikaten der acht Walzwerke auf den Markt. Drei Viertel des gesamten Absatzes wurden von allen Bezirken Deutschlands abgenommen, ein Viertel vom Ausland. Rußland, Österreich-Ungarn und Italien waren die Hauptabnehmer. Weniger leicht ließen sich die großen Mengen von Schwefelsäure, die auf Grund gewerbepolizeilicher Vorschriften hergestellt werden müssen, wegen des Überangebots unterbringen [2]).

In enger Verbindung mit der Zinkindustrie steht die Bleiindustrie, was sich schon daraus ergibt, daß die Erze aus gemeinsamen Schächten gefördert werden. Das Bleihüttenwesen hat seinen eigentlichen Aufschwung erst in diesem Jahrhundert erfahren.

Der überwiegende Teil der Produktion — 1913 etwa 80 Proz. —, entfällt auf die fiskalische Friedrichshütte. Diese und die Walter-Croneck-Hütte, die der Bergwerksgesellschaft Georg von Giesches Erben gehört, stellten 1913 39 922 Tonnen Blei, 2904 Tonnen Glätte und 7389 kg Silber her. Verglichen mit

---

[1]) „Lagerstättenchronik", Geolog. Landesanstalt. Berlin 1921, S. 134.

[2]) Im Jahre 1913 betrug die Gesamtproduktion an Schwefelsäure, berechnet als 50grädige Säure, 256 000 t. Die für dieses Erzeugnis erzielten Preise decken von jeher kaum die Gestehungskosten.

[3]) Statistik des Kattowitzer Vereins und Lagerstättenchronik, a. a. O. 1921, S. 133.

der Gesamtproduktion Deutschlands bedeutete die Menge des erzeugten Bleis 21,2 Proz., im Vergleich zur Weltproduktion 7,1 Proz.[1]).

Von dem Absatz verteilten sich etwa drei Fünftel auf das Inland, zum größeren Teil naturgemäß auf Ostdeutschland. Der Rest wurde vom Ausland, besonders von Österreich-Ungarn, abgenommen.

3. Zusammenfassung

Die Bedeutung, die die gesamte oberschlesische Montanindustrie als eine Schöpfung deutschen Kapitals und deutscher Arbeit für Deutschland hatte, läßt sich zusammenfassend auch mit den Zahlen, die über den Geldwert der Produktion Aufschluß geben, darlegen. Im Jahre 1913 betrug der Wert der Urproduktion an Steinkohlen, Zink- und Bleierzen 430 Millionen Mark, der Erzeugung der Koksanstalten und Brikettfabriken 50 Millionen Mark, der Zink- und Bleihütten 120 Millionen Mark. Für die Gütererzeugung der Hauptzweige der Montanindustrie ergab sich ein Gesamtbruttowert von annähernd einer Milliarde Mark[1]). Auf die doppelte Summe hat man das in der oberschlesischen Montanindustrie arbeitende Kapital geschätzt.

Die Aufgabe, die die oberschlesische Industrie in der deutschen Wirtschaft zu erfüllen hatte, war ihr durch die geographische Lage diktiert. Im einzelnen wurde bereits darauf hingewiesen, welche Bedeutung der Auslandabsatz, besonders im Kohlenbergbau, hatte. Es wurde ferner gezeigt, daß der oberschlesischen Montanindustrie die Industrialisierung des deutschen Ostens zu verdanken ist, ein Verdienst, das um so höher anzuschlagen ist, als diese Industrialisierung nicht Verdrängung der für Deutschland lebensnotwendigen Landwirtschaft, sondern Modernisierung und Befruchtung des agrarischen Ostens zu reicher Entfaltung bedeutet hat. In jeder Beziehung hat die oberschlesische Montanindustrie belebend auf die östliche Wirt-

---

[1]) Statistik des Kattowitzer Vereins 1913.

schaft gewirkt, so daß sie sich mit Recht den Ehrennamen eines „östlichen Lungenflügels" erworben hat.

Das Wachsen der Bedeutung dieses Industriebezirkes kann man mittelbar auch an der Zunahme seiner Bevökerung erkennen. Von 1781 bis 1910 hat sich die Bevölkerung ganz Oberschlesiens um das Fünffache, von 371 000 auf 2 268 000, vermehrt, im engeren Industrierevier (Kreis Beuthen, Kattowitz, Hindenburg, Königshütte, Tarnowitz) ist sie von 12 300 auf 835 000, also um das Siebenundsechzigfache, gestiegen [1]).

[1]) Maria Vogt, Dichte und Bewegung Oberschlesiens in ihrer geographischen Bedingtheit 1781—1910. Dissert. Breslau 1921. S. 41.

II. Teil

Die oberschlesische Montanindustrie nach der Teilung des Industriebezirks

3. Abschnitt

Die Teilung des Industriebezirks und ihre Folgen

Als Deutschland am Ende des Weltkrieges zusammengebrochen die Waffen aus der Hand gegeben hatte, wollte Polen die Gelegenheit wahrnehmen und ganz Oberschlesien an sich reißen. Der erste Versuch, Oberschlesien vom Reiche abzutrennen und Polen zuzuweisen[1]), mißlang, und es mußte ein Vorwand gefunden werden, der den Raub mit dem Schein des Rechts umgab.

Es wurde eine „oberschlesische Frage" konstruiert. Die eigenartige völkische Struktur Oberschlesiens wurde zu einem nationalen Problem gestempelt, das es niemals gegeben hat.

Wenn man früher von einer oberschlesischen Frage, die als solche erst mit der Teilung entstanden ist, sprechen konnte, war sie rein kulturell, lediglich sozial zu verstehen und zu werten[2]).

Deutscher Fleiß, deutsche Tatkraft, deutscher Geist und deutsches Kapital haben das Land erschlossen, den Schätzen des Bodens erst zu ihrem heutigen Werte verholfen, und — darin liegt die hohe kulturelle Bedeutung der oberschlesischen Industrie — einen großen Teil der Bewohner aus erbarmungs-

---

[1]) Friedensbedingungen vom 7. Mai 1919.

[2]) Lukaschek, Oberschlesien, ein soziales Problem. Süddeutsche Monatshefte. München, Sept. 1921.

würdiger Knechtschaft [1]), sozialem Tiefstande emporgehoben. Bei der bekannten schlesischen Grundbesitzverfassung mit stark ausgeprägtem Großgrundbesitz blieb den Bauern nur wenig Raum, und auf diesem fristeten sie ein kümmerliches Leben, bis die Industrialisierung des Landes Verdienstmöglichkeiten und Befreiung aus gedrückter Lage brachte. Aus dem Abstimmungsergebnis geht deutlich hervor, daß die oberschlesische Frage rein sozialer Natur ist [2]). Wo der Bewohner mit dem Deutschtum in engere Fühlung gekommen ist und das Verständnis dafür hatte, was er dem Deutschtum schulde, hat er in der Abstimmung sich deutsch bekannt; nur der Grubenarbeiter und der kleinbäuerliche Grundbesitz, der einen großen Teil der Grubenarbeiter stellt, noch zu sehr verwachsen mit dem Boden und gefesselt an den Wald, daher auch kulturell weniger hochstehend, sahen, unzufrieden mit der bestehenden Ordnung, in der Polenpartei ihre wirtschaftliche Interessenvertretung. In dem Abstimmungskampf war der Grubenarbeiter weniger urteilsfähig und den Versprechungen der polnischen Propaganda gegenüber empfänglich. Es braucht hier nur auf die Kreise Rybnik und Pleß hingewiesen zu werden. Der Hüttenarbeiter sieht sich durch die Industrie aus tiefer Kulturstufe emporgehoben, er verdankt der Hüttenarbeit höhere Intelligenz, befindet sich in einer sozial besseren Lage und hat deutsch gewählt.

Der Industriebezirk, auf den 37 Proz. aller deutschen Stimmen entfallen, hat folgendes Bild geliefert [3]):

Von der Gesamtanzahl der Stimmen waren für Deutschland im

1. Stadtkreis Beuthen	75 Proz.
2. Landkreis Beuthen, deutscher Anteil . .	58 „
„ „ polnischer Anteil .	38 „
3. Stadtbezirk Tarnowitz	85 „
Landkreis „	36 „

[1]) Partsch, zitiert von Volz, Oberschlesien, a. a. O., S. 57.
[2]) Vgl. hierzu Volz, Oberschlesien, a. a. O., S. 56.
[3]) Derselbe, a. a. O., S. 61.

4. Stadtkreis Kattowitz	85 Proz.
Landkreis Kattowitz	44,5 „
5. Myslowitz	53 „
6. Königshütte	75 „
7. Gleiwitz	78 „

in den Kreisen Pleß und Rybnik

Stadt Pleß	75 Proz.
Kreis Pleß	26 „
Stadt Rybnik	71 „
Kreis Rybnik	35 „
Stadt Loslau	72 „
„ Sohrau	69 „

Nachdem trotz allen Terrors vor und während der Abstimmung und ungeachtet aller Benachteiligungen in der Gewährung des Abstimmungsrechts das Deutschtum mit 707 393 Stimmen gegen 479 365 polnische gesiegt hatte, wurde dennoch Macht wider Recht am 20. Oktober 1921 die Teilung Oberschlesiens beschlossen und am 18. Juni 1922 durchgeführt.

320 935,01 Hektar mit 980 296 Einwohnern wurden Polen zugeteilt. Ganz abgetreten werden mußten:

1. Kattowitz Stadt . .	464,64 ha	mit	45 422	Einwohnern
2. Kattowitz Land . .	18 122,11 „	„	227 657	„
3. Königshütte Stadt .	617,43 „	„	74 811	„
4. Pleß	106 339,77 „	„	141 828	„

Die von der Grenze durchschnittenen Kreise Beuthen, Hindenburg, Lublinitz, Tarnowitz, Rybnik, Ratibor, Tost-Gleiwitz fielen mit mehr oder weniger großen Teilen an Polen [1]).

Bei der Teilung, bei der nicht mehr die anfangs vorgeschützte Nationalitätenfrage die Hauptrolle spielte, — was schon daraus hervorgeht, daß 15 Proz. mehr Deutsche unter polnische Staatshoheit gekommen sind als Propolen im deutschgebliebenen Teil wohnen [2]) —, wurde Deutschland der wirtschaftlich bedeutend wertvollere Teil geraubt. Schon ein Blick auf die in

[1]) Veröffentl. des Preußischen Statistischen Landesamts: Oberschlesien nach der Teilung. Berlin 1922.

[2]) Volz, a. a. O. S. 66.

den einzelnen Kreisen vorhandenen Kohlenvorräte vermag davon zu überzeugen [1]).

Kohlenvorrat.

im Kreise	in einer Tiefe von 0 — 2000 m	in einer Tiefe von 0 — 1000 m
	Millionen t	Millionen t
Tarnowitz [2])	2	2,05
Beuthen, Land . . .	4,10	4,33
Beuthen, Stadt	0,20	0,23
Königshütte	0,20	0,27
Kattowitz, Land . .	5,50	6,—
Kattowitz, Stadt . .	0,40	0,43
Hindenburg	5,40	6,48
Tost-Gleiwitz	2,60	4,—
Gleiwitz, Stadt	1,10	1,24
Pleß	20,90	56,77
Rybnik	17,20	30,70
Ratibor	0,40	0,50

Die mächtigen, zur Verkokung besonders geeignete Kohlen führenden Flöze der Rybniker und Plesser Schichten und die überwiegenden Teile der Sattelgruppe liegen jenseits der Grenze. Die weniger reichen und unregelmäßiger gelagerten Flöze der nördlichen Randgruppe sind deutsch geblieben. Sie bilden zwei Drittel des deutschen Anteils. Von dem mit 113 Milliarden Tonnen bezifferten Vorrat an abbaufähigen und gegenwärtig bauwürdigen Kohlen entfallen auf Deutschland nach Berechnungen, die nach der Teilung vorgenommen wurden, nur 8,32 Milliarden Tonnen oder $7^1/_2$ Proz. Unter Berücksichtigung der geringmächtigen Flöze bis 30 cm abwärts erhöht sich der Verlust auf 146 Milliarden Tonnen. Unser Steinkohlenvorrat hat damit eine ungeheure Schwächung von 399 auf 253 Milliarden Tonnen erfahren, und auf der anderen Seite ist Polen zu einem der an Kohlen reichsten Länder gemacht worden. Sein Kohlenvorrat ist von 23,9 auf 169,9 Milliarden Tonnen gestiegen.

[1]) Denkschrift der ver. wirtsch. u. soz. Verbände Oberschles. 1921, S. 27.

[2]) Die gesperrt gedruckten Kreise sind ganz oder zum größten Teil Polen zugefallen.

Flächenmäßig entfallen nach der Teilung auf Polen 52 Proz. des Steinkohlenbeckens, auf Preußen 33 Proz. und auf Tschechien 15 Proz.[1]).

Im einzelnen verteilen sich nach dem Verlust Ost-Oberschlesiens die Steinkohlenvorräte Deutschlands auf seinen gegenwärtigen Gebietsumfang folgendermaßen [2]):

Westfälisches Revier	214	Milliarden t	= 85	Proz. des Gesamtvorrats
West-Oberschlesien	20	„ „	= 8	„ „ „
Linksrheinisches Revier	10	„ „	= 4	„ „ „
Niederschlesien	3	„ „	= 1	„ „ „
Sachsen	3	„ „	= 1	„ „ „
Sonstige kleine Vorkommen	3	„ „	= 1	„ „ „
Deutsches Reich (ohne Saar)	253	Milliarden t		

Unermeßiche Werte sind uns mit den 53 Steinkohlengruben genommen worden. Von den früheren neun oberschlesischen Bergrevieren mit 67 Steinkohlengruben sind nur 14 Kohlenbergwerke bei Deutschland verblieben.

Insgesamt förderten die an Polen abgetretenen Steinkohlenbergwerke im Jahre 1922 25 521 541 Tonnen, während die Gesamtproduktion der im restlichen, deutsch gebliebenen Teil Oberschlesiens gelegenen 14 Schachtanlagen nur 8 832 253 Tonnen betrug. Über das genaue Verhältnis der Gesamtproduktion der in den beiden getrennten Teilen Oberschlesiens gelegenen Steinkohlengruben seit der Vorkriegszeit bis zur Teilung unterrichten folgende Zahlen:

Jahr	Produktion in 1000 t			In Prozenten der gesamten Produktion	
	Oberschl. insgesamt	Ost-Oberschlesien	West-Oberschlesien	Ost-Oberschl.	West-Oberschl.
1913	43 801	32 682	11 119	74,6	25,4
1917	43 031	32 928	10 463	75,7	24,3
1921	29 631	22 346	7 285	75,4	24,6
1922	34 353	25 521	8 832	74,3	25,7

[1]) Osteuropa-Institut in Breslau: Oberschlesien und der Genfer Schiedsspruch. Verlag Hermann Sack. S. 14.

[2]) Nach R. Reischle und P. Wachter, Energievorräte und ihre Gewinnung, München 1922; siehe auch Ztschr. „Wirtschaft und Statistik“, Jahrgang 3, Nr. 3—4, 1923.

Für die Zeit von 1913 bis 1922 ergibt sich im Durchschnitt ein Prozentsatz von 24,8 für den bei Deutschland gebliebenen Teil Oberschlesiens und von 75,2 für das verlorene Gebiet.

Auch in der Herstellung von Koks und in der Gewinnung von Nebenprodukten hat die Teilung beträchtliche Einbußen mit sich gebracht. Eine vergleichende Gegenüberstellung der Produktionsergebnisse vor und nach der Teilung kann uns am besten Aufschluß über die Verluste und die Bedeutung des uns Verbliebenen geben. Wenn der Ausfall hier nicht so hoch erscheint wie bei der Kohlenförderung, so muß berücksichtigt werden, daß wir mit den Rybniker und Plesser Lagern die an Kokskohle reichsten Flöze verloren haben.

Jahr	Vorhandene Öfen	Koks-Darstellung (1000 t)
1913	2 603	2 196
1920	3 032	2 477
1921	3 032	2 413
1922[1])	1 465	1 438

Die Zahl der in den uns verbliebenen Koksanstalten vorhandenen Öfen weist im Jahre 1922 einen Ausfall von 48,5 Proz. auf, in der Koksdarstellung zeigt sich eine Minderung um 40,3 Proz.

Mit der Koksdarstellung ist überall die Gewinnung von Nebenprodukten verbunden. Die Produktion hat sich hier wie folgt gestaltet:

Jahr	Teer	Teerpech	Teeröl	Benzol	Ammoniak
1913	102 712 t	30 436 t	21 319 t	25 351 t	35 547 t
1920	95 900 t	10 317 t	5 981 t	26 939 t	31 945 t
1921	93 198 t	8 075 t	4 419 t	25 408 t	31 793 t
1922[1])	52 725 t	—	932 t	15 682 t	40 876 t

Der Verlauf der Brikettfabrikation ist aus nachstehender Tabelle ersichtlich:

Jahr	Anzahl der Brikettpressen	Erzeugte Briketts
1913	28	432 927 t
1920	32	290 145 t
1921	26	274 997 t
1922[1])	7	111 976 t

[1]) Im deutschen Teil Oberschlesiens.

Das Verhältnis der Produktionsergebnisse, die die Koks- und Koksnebenprodukte-Industrie und die Brikettfabrikation West- und Ost-Oberschlesiens im Jahre der Grenzziehung gezeitigt haben, läßt sich durch nebenstehende Übersicht veranschaulichen:

Erzeugnis	Produktion im Jahre 1922 in 1000 t			In Prozenten der Gesamtproduktion	
	Gesamt-Oberschl.	Deutsch-Oberschl.	Polnisch-Oberschl.	Deutsch-Oberschl.	Polnisch-Oberschl.
Koks	2617	1438	1179	58,77	41,23
Teer, Teerpech, Öle	122,3	64	59	52,05	47,95
Benzol	29,16	15,69	13,47[1]	53,44	46,56
Schwefelsäure, Ammoniak	56,92	40,88	16,04	72,00	28
Steinkohl-, Briketts	310	112	198	36,11	63,89

Nicht minder erheblich sind die Verluste im Eisen-, Zink- und Bleierzbergbau. Sämtliche Eisenerzbergwerke, die im Jahre 1922 insgesamt 81 885 Tonnen förderten, sind mit dem Bergrevier Tarnowitz Polen zugefallen, so daß die seit dem Jahre 1889[2]) immer geringer werdende Förderung an Eisenerzen aus oberschlesischen Eisenerzbergwerken für Deutschland erschöpft ist. Empfindlicher hat sich der Verlust der überaus wertvollen Zinkerzbergwerke bemerkbar gemacht. Von der Gesamtproduktion der oberschlesischen Zinkerzgruben, die sich im Jahre 1922 auf 254 669 Tonnen, davon 217 977 Tonnen Zinkblende und 36 692 Tonnen Galmei belief, entfielen auf Ost-Oberschlesien 82,4 Proz. In den uns verbliebenen Bergwerken wurden nur 44 934 Tonnen Blende gewonnen. Die entsprechenden Ziffern der Bleierzproduktion lauten für Gesamtoberschlesien 21 031 Tonnen, Ostoberschlesien 15 250 Tonnen oder 72,5 Proz. und Westoberschlesien 5781 Tonnen oder 27,5 Proz.

---

[1]) Nicht vollständig angegeben.

[2]) Die damals erreichte Höchstziffer betrug 797 635 t. Im Jahre 1913 war die Ziffer auf 165 545 t gesunken.

In einem ähnlichen Verhältnis wie bei den Bergwerken ist nach der Grenzziehung auch die Produktion der Hüttenwerke mit ihrer Zahl zusammengeschmolzen.

In der nachstehenden Tabelle sind die Produktionsergebnisse der oberschlesischen Hüttenwerke im Jahre 1922 der Gesamtproduktion Oberschlesiens im Jahre 1920 gegenübergestellt.

Erzeugnis	Produktion in Gesamt-Oberschl. im Jahre 1920	Produktion in Ost-Oberschl. im Jahre 1922	Anteil Ost-Oberschl. i. J. 1922, an der Produktion in Gesamt-Oberschl. i. J. 1920.
	t	t	Proz.
Roheisen	575 802	401 071	69
Gußwaren, zweite Schmelzung	55 219	26 844	49
Stahlformguß	35 431	11 816	33
Halbzeug d. Walzwerke	112 266	114 969	102
Fertig-Erzeugnisse der Walzwerke	705 357	603 552	86
Verfeinerungs-Industrie	238 348	115 889	49
Rohzink	81 412	75 610	92
Zinkstaub, Zinkoxyd u. Zinkvitriol	4 835	4 756	97
Schwefelsäure	183 329	181 825	99
Zinkblech	34 170	22 679	67
Blei	18 008	14 464	77

Wie aus der Übersicht hervorgeht, sind die Polen zugefallenen Hüttenwerke mit durchschnittlich 75 Proz. an der Gesamtproduktion Oberschlesiens beteiligt.

In der Zink- und Bleiindustrie ist der größte Ausfall zu verzeichnen. Die Zink- und Bleihütten des Industriebezirks liegen ausnahmslos in dem abgetretenen Gebiet. Mit dem Verlust des größten Teils der Zinkindustrie hat Deutschland seine in Mittel- und Osteuropa in diesem Industriezweig herrschende Stellung an Polen abgetreten. Allmählich werden auf dem uns verbliebenen Gebiet neue Hütten angelegt werden müssen.

Der Vorrat an Zinkerzen in den uns verbliebenen Lagern wird auf 10—15 Millionen Tonnen geschätzt.

Bei den Sanierungsverhandlungen der Giesche-Gesellschaft mit Harriman, also amerikanischem Kapital, zeigte die Regierung sich ernstlich bemüht, die Ausbeute der reichen Blei-Scharley-Felder der deutschen Wirtschaft zu erhalten[1]).

Die Auswirkung der Verluste auf die deutsche Wirtschaft, insbesondere im Hinblick auf die Kohlenwirtschaft im Jahre der Grenzziehuug

Aus der gedrängten Darstellung der sachlichen Verluste geht zur Genüge hervor, daß die in ihrem vollen Wert unberechenbaren Einbußen eine ungeheure Schwächung der deutschen Wirtschaft bedeuten.

Nach den Wunden, die der lange Krieg geschlagen hat, nach dem Verluste der Minetteerze, nach dem wenn auch befristeten Raube der Saarkohlen, konnte Deutschland, geschmälert um große und blühende Provinzen, nur mit schweren Opfern die unnachsichtlich hochgespannten sogenannten Reparationsleistungen erfüllen. Jede weitere Schwächung der wirtschaftlichen Kraft, zumal durch Störungen in der Brennstoffversorgung, mußte verhängnisvolle Folgen zeitigen.

Wenn irgend etwas, so waren die uns noch verbliebenen Bodenschätze, in erster Linie die Kohle, dazu geeignet und berufen, uns den Forderungen des Feindbundes gegenüber leistungsfähig zu erhalten und der deutschen Wirtschaft zur Gesundung zu verhelfen. In der Kohlenwirtschaft sehen wir darum auch die Folgen der Teilung Oberschlesiens unmittelbar und am deutlichsten in Erscheinung treten.

Zunächst soll gezeigt werden, wie die Trennung des oberschlesischen Industriebezirks auf die Entwicklung der gesamten Steinkohlenproduktion Deutschlands eingewirkt hat.

---

[1]) Vgl. S. 60 dieser Arbeit.

Die Steinkohlenförderung Deutschlands betrug in den Jahren

1913	191,5	Millionen t
1915	146,9	„ t
1917	167,3	„ t
1919	117	„ t
1921	136,2	„ t
1922 (einschließlich Ost-Oberschlesien, bis Juni)	130	„ t
1922 (ohne Ost-Oberschlesien, seit Januar)	117	„ t
1922 (einschließlich Oberschlesien, bis Dezember)	142	„ t
1923	118.8	„ t
1924	132,7	„ t

Seit 1913 sehen wir die Kohlenförderung immer geringer werden. 1917 erreicht sie einen letzten Gipfelpunkt mit 167 Millionen Tonnen. 1919 sinkt sie auf 117 Millionen Tonnen, um sich 1921 auf 136 Millionen Tonnen zu heben. Da bringt sie der Ausfall der ostoberschlesischen Kohle, auf Jahresbeginn mit 25,5 Millionen Tonnen berechnet, auf den Tiefstand von 1919 zurück, auf eine Ziffer, die 1923 nur um ein geringes überschritten wurde. Falls Oberschlesien ungeteilt bei Deutschland geblieben wäre, hätte sich die Förderziffer im Jahre 1922 gegen das Vorjahr um sechs Millionen Tonnen auf 142 Millionen Tonnen gehoben, wobei überdies zu berücksichtigen ist, daß die oberschlesische Produktion ein weit günstigeres Ergebnis gezeitigt hätte, wenn dem Lande die mit der Abstimmung in Zusammenhang stehenden politischen Unruhen erspart geblieben wären.

Noch deutlicher tritt der Wegfall der ostoberschlesischen Kohle in den monatlichen Hauptdaten der deutschen Kohlenproduktion im Jahre 1922 in Erscheinung. Die Gesamtproduktion des Reiches[1]) betrug im Monat

	(in 1000 t)
Januar	12 119
März	13 392
Mai	12 090
Januar bis Mai im Durchschnitt	12 063
Juni (Teilung Oberschlesien)	8 678
September	10 150
Dezember	9 684
Juni bis Dezember im Durchschnitt	9 911

[1]) Nach der Statistik des Reichskohlenrates für das Wirtschaftsjahr 1922.

Mit dem Augenblick der Trennung Oberschlesiens wurde aus der schon vorher herrschenden Kohlenknappheit eine ernste Kohlennot, da die Zwangslieferungen auf den dem Ausfall entsprechend auf 30 Proz. Ermäßigung lautenden Antrag hin nur um 10 Proz. vorübergehend auf 1 725 000 Tonnen monatlich vom Reparationsausschuß herabgesetzt wurden.

Abgesehen davon, daß aus dem Deutschland verbliebenen Teil Oberschlesiens ein Auslandsabsatz zunächst unmöglich war, konnten auch nach dem Reiche nur sehr geringe Mengen geliefert werden, so daß die Eigenproduktion Deutschlands für die Versorgung aller Verbraucherkreise nicht mehr ausreichte. Um eine der Hauptverbrauchergruppen als Beispiel heranzuziehen, so betrug die Versorgung der Eisenbahn mit inländischen Kohlen im Jahre 1922 im Monatsdurchschnitt vor und nach der Teilung Oberschlesiens: Januar bis Mai 1,420 Millionen Tonnen, Juni bis November 965 000 Tonnen.

Um für die fehlenden Mengen Ersatz zu schaffen, wurden der Auslandskohle die Tore geöffnet. Die Reichsregierung hat sich sogar genötigt gesehen, die Einfuhr von Kohlen zu begünstigen. Um der Kohlennot, die der milde Winter 1922/23 ihr äußerstes Ausmaß gar nicht erreichen ließ, zu begegnen, wurden die Verbraucher in Industrie, Gewerbe und Hausbrand aufgefordert, sich reichlich mit Auslandskohle einzudecken. Die Befreiung der damals teureren Auslandskohle von der Kohlensteuer sollte ihre Einfuhr erleichtern. Ungeachtet des auch nach der Steuerbefreiung noch beträchtlich höheren Preises hat die Einfuhr fremder Kohle in der zweiten Hälfte des Jahres 1922 eine Höhe erreicht, die selbst die letzte Ziffer aus der Vorkriegszeit übertrifft. Im Jahre 1922 betrug die Einfuhr Deutschland an Steinkohlen (ausschließlich Koks und Briketts) 12,6 Millionen Tonnen gegenüber 363 000 Tonnen im Jahre 1920. Im Jahre 1913 belief sich die Einfuhr des damaligen weit größeren Deutschlands auf 10,6 Millionen Tonnen. Da im Jahre 1913 36,9 Millionen Tonnen ausgeführt wurden, war Deutschland mit 26,3 Millionen Tonnen Steinkohlen, wozu noch ein Koksausfuhrüberschuß von 5,8 Millionen Tonnen kommt, Ausfuhrland.

1922 wurden zwar 22,9 Millionen Tonnen Steinkohleneinheiten ins Ausland versandt. Davon waren jedoch 17 Millionen Tonnen „Wiedergutmachungskohle", die Deutschland „gutgeschrieben" wurden. Als eigentliche Ausfuhr waren nur 5 Millionen Tonnen anzusprechen, so daß Deutschland im Hinblick auf die Einfuhr von 12,6 Millionen Tonnen mit 7,6 Millionen Tonnen Kohleneinfuhrland geworden war.

Im Monatsdurchschnitt Januar bis Mai 1922 betrug die Einfuhr an Steinkohlen 262000 Tonnen, die Ausfuhr 743000 Tonnen; für Juni bis Dezember, also nach der Teilung, lauten die Zahlen für die Einfuhr 1,6 Millionen Tonnen, die Ausfuhr 192000 Tonnen. Allein an englischen Kohlen wurden importiert: Januar bis Mai für durchschnittlich 127000 £, Juni bis Dezember für je 983000 £[1]).

In der allgemeinen schlechten Wirtschaftslage des Reiches hat die Verwirklichung des Machtspruches über die Teilung Oberschlesiens besonders verhängnisvoll wirken müssen.

Neben vielen anderen unglücklichen unmittelbaren Folgen ist als eine der ungünstigsten die nach dem Verlust der ostoberschlesischen Kohlengruben notwendig gewordene Kohleneinfuhr zu bezeichnen. Diese hat eine immer größere Passivität unserer Zahlungsbilanz zur Folge gehabt, was wiederum dazu beitragen mußte, uns im Ausland den Kredit, den wir nur noch in geringem Maße besaßen, fast völlig zu nehmen, so daß wir die im zweiten Halbjahr 1922 in immer stärkerem Grade einsetzende Entwertung der Reichsmark nicht zuletzt auch dem Verlust Ostoberschlesiens zuschreiben können.

Seit dem Verlust Ostoberschlesiens gestaltete sich der deutsche Kohlenaußenhandel wie folgt (in Millionen Tonnen)[2]):

---

[1]) Aus den monatlichen Veröffentlichungen der bergmännischen Zeitschrift „Glückauf" ermittelt. Die Wertangaben sind mit Benutzung der englischen Statistik (Glückauf, Jahrg. 58/59) für die von der deutschen Statistik ausgewiesenen Zahlen umgerechnet.

[2]) Nach „Oberschles. Wirtschaft", Zeitschrift der Industrie- und Handelskammer für die Prov. Oberschlesien und des Oberschles. Berg- und Hüttenm. Vereins e. V., Gleiwitz. Oppeln, März 1926, S. 131.

Jahr	Einfuhr		Ausfuhr ohne Reparationslieferungen		Ausfuhr Reparationslieferungen	
	Kohle	Koks	Kohle	Koks	Kohle	Koks
1913	*10,56*	*0,6*	*36,9*	*6,4*	—	—
1923	23,7	1,64	1,6	0,32	—[1]	—
1924	13	0,34	2,5	1,48	11,38	3,8
1925	7,6	0,09	13,8	3,4	9	4

Die vertraglichen Bestimmungen und die Aufrechterhaltung einer Wirtschaftseinheit

Bei der Teilung Oberschlesiens waren sich die feindlichen Machthaber wohl bewußt, daß das Zerschneiden der durch tausend Fäden verbundenen und auf das Zusammenarbeiten eingestellten Glieder der Montanindustrie für den ganzen Organismus die schädlichsten Folgen haben müsse. Unschwer war vorauszusehen, daß besonders der vom deutschen Wirtschaftskörper losgelöste Teil ernstlich gefährdet werden mußte, und daß Polen, das noch keinen Beweis der Fähigkeit, ein so fein gegliedertes Industriegebiet lebensfähig zu erhalten, geliefert hat, den schwierigen Aufgaben kaum gewachsen sein würde. Aus dieser Besorgnis heraus wurde Deutschland zu dem Verlust des Landes noch ein Vertrag mit Polen aufgezwungen, um „im gemeinsamen Interesse die Aufrechterhaltung des Wirtschaftslebens in Oberschlesien sicherzustellen". Der Inhalt dieses Abkommens [2]) bestätigt eindeutig, wie berechtigt die deutschen Stimmen waren, die auf die Unteilbarkeit Oberschlesiens hingewiesen haben. Die Entente hat dies durch den Genfer Vertrag amtlich anerkennen müssen, nachdem sie nicht den einzig richtigen Schluß gezogen und Oberschlesien ungeteilt gelassen

[1]) Im Hinblick auf den Ruhreinbruch sind Zahlen hier bedeutungslos. Unter Berücksichtigung der von französischer Quelle angegebenen Beutemengen lauten die Ziffern hier 4,3 bzw. 2,5 Millionen t.

[2]) Deutsch-polnisches Abkommen vom 15. Mai 1922, Reichsgesetzblatt 1922 II, S. 238 ff.

hat. Die unheilvollen Folgen, die eine plötzliche Durchführung der Trennung gezeitigt hätte, hat man vermeiden und Polen die Möglichkeit geben wollen, sich nach und nach mit dem Mechanismus vertraut zu machen.

Die Bestimmungen des Genfer Vertrages und der weiteren Abkommen, die für den künftigen Lauf des Wirtschaftslebens entscheidend sind, können hier im einzelnen nicht auseinandergesetzt werden.

Die Zollgrenze zwischen Deutschland und Polen fällt an sich mit der neuen politischen Grenze zusammen; doch sind für die Dauer von fünfzehn Jahren Bestimmungen getroffen, wonach der politischen Grenze die abschließende Wirkung teilweise genommen wird.

Vor allem wurden Deutschland durch die für drei Jahre aufgezwungenen Einfuhrkontingente für eine Reihe ostoberschlesischer Erzeugnisse — für Kohle 500 000 Tonnen monatlich — die Waffen aus der Hand geschlagen.

Als Ergänzung des Genfer Vertrages sind das Bergwerksabkommen und der Vertrag über die Teilung des Knappschaftsvereins anzuführen.

Da sich bei dem organischen Zusammenhang der oberschlesischen Bergwerke keine Grenzlinie hat finden lassen, die nicht zahlreiche Grubenanlagen entzwei schnitt, mußte ein besonderes Abkommen getroffen werden, um die Fortführung der durch die Teilung in Mitleidenschaft gezogenen Rechts- und Betriebsverhältnisse der Bergwerke zu erleichtern [1] [2].

Zugleich mit dem Bergwerksabkommen wurde auch der Vertrag über die Teilung des Knappschaftsvereins gesetzlich genehmigt [3]. Vom 1. Juli 1922 ab ist der frühere oberschlesische

[1]) Reichsgesetzblatt 1923 II, S. 118 ff.

[2]) Für das durch die neue Grenze in zwei Teile zerlegte staatliche Bleierzbergwerk Friedrich in Miechowitz gilt der besondere Beschluß der Botschafterkonferenz in Paris vom 20. Oktober 1921. Danach ist im östlichen Teil des Feldes das Recht zur Gewinnung Polen, im westlichen Deutschland zuerkannt.

[3]) Reichsgesetzblatt 1923 II, S. 132.

Knappschaftsverein geteilt. Der deutsche Teil hat seinen Sitz in Gleiwitz, der polnische in Tarnowitz.

Eine besondere vertragliche Regelung mußten auch die Steuerfragen erfahren. Mit der Teilung des Industriebezirks kamen viele Unternehmungen mit ihren Betriebsanlagen teilweise unter deutsche und polnische Staatshoheit. Dadurch ergab sich die Möglichkeit, daß eine Steuerquelle von Deutschland und Polen zur Besteuerung herangezogen werden konnte. Da sich der Übelstand einer solchen Doppelbesteuerung nur durch einen Staatsvertrag zwischen Deutschland und Polen beheben ließ, haben sich die Interessenvertretungen der Industrie alsbald nach der Teilung um dessen Abschluß bemüht. Die Verhandlungen zwischen den beiden Staaten sind Ende 1922 eingeleitet worden. Für die Einkommensteuer sind einige Grundsätze aufgestellt worden, die auch für alle anderen Steuern maßgebend sein sollten: Das Einkommen aus Grund- und Gebäudebesitz sowie aus Gewerbebetrieben und aus freier Berufstätigkeit soll nur in dem Staate zur Einkommensteuer herangezogen werden, in dem der Grund- und Gebäudebesitz liegt oder eine Betriebsstätte zur Ausübung des Gewerbes unterhalten wird. Falls sich in beiden Staaten Betriebsstätten befinden, soll in jedem Staat nur das Einkommen aus der in diesem Staat befindlichen Betriebsstätte versteuert werden. Alles übrige Einkommen soll nur in dem Staate zur Einkommensteuer herangezogen werden, in dem der Steuerpflichtige seinen Wohnsitz oder seinen dauernden Aufenthalt hat. Bei doppeltem Wohnsitz entscheidet die Staatsangehörigkeit, bei doppelter Staatsangehörigkeit gebührt jedem Staat die Hälfte der Steuer. Für Einkommen aus Hypothekenforderungen und Kuxen finden jedoch die in jedem der beiden Staaten bestehenden gesetzlichen Vorschriften Anwendung [1]).

Nur dem Entgegenkommen, das Deutschland Polen gegenüber bewiesen hat, hat es die durch die Teilung Oberschlesiens

---

[1]) Geschäftsbericht des Oberschlesischen Berg- und Hüttenmännischen Vereins Gleiwitz f. d. Jahr 1922.

besonders bedrohte ostoberschlesische Industrie zu verdanken, daß die Folgen der Trennung nicht alsbald und in vollem Ausmaß zur Auswirkung gelangt sind, da die Deutsche Regierung sich stets bereit gezeigt hat, eingetretene Mißstände auf dem Verhandlungswege zu beseitigen und „die Aufrechterhaltung des Wirtschaftslebens in Oberschlesien sicherzustellen".

Gleichwohl sind die vertraglichen Bestimmungen, zumal des Genfer Abkommens, nicht als Grundlage für die Aufrechterhaltung einer Wirtschaftseinheit, für ein dauerndes Zusammenarbeiten der politisch getrennten Teile der Montanindustrie zu betrachten. Sie sollen vielmehr nur dazu dienen, Polen die angestrebte wirtschaftliche Loslösung Oberschlesiens vom deutschen Westen zu erleichtern.

Recht deutlich zeigt uns die wirtschaftliche Entwicklung, die Ostoberschlesien unter dem Einfluß der polnischen Wirtschaftspolitik in den ersten Jahren genommen hat, wie die polnische Regierung sich der Einsicht verschließt, daß man allein in der ehrlichen Pflege der westlichen Beziehungen, die Oberschlesien hochgebracht haben, Ersprießliches zu ernten vermag und daß nur darin die Möglichkeit liegt, die Blüte der neuen Erwerbung lebensfähig zu erhalten[1]). Bald nach der Einverleibung Oberschlesiens in den polnischen Staat kam das Bestreben Polens, Oberschlesien möglichst eng mit dem polnischen Wirtschaftskörper zu verschmelzen, in dem Drängen polnischer Kreise auf Einführung der polnischen Mark als gesetzliches Zahlungsmittel und Ablösung der deutschen Währung, die mit Rücksicht auf die Montanindustrie nach der Teilung beibehalten worden ist, zum Ausdruck. Trotz der Bedenken, die die Vertreter der Montanindustrie äußerten, wurde die deutsche Währung zum 1. November 1923 gekündigt[2]). Dem polnischen

---

[1]) Randt: „Prof. Partsch über Oberschlesien". Aus Oberschles. Vergangenheit . . . Gleiwitz 1922, S. 57.

[2]) Seit März 1923 wurden Löhne und Gehälter in Polenmark gezahlt, und es stand frei, alle nach dem 31. Dezember 1922 entstandenen Zahlungsverpflichtungen in polnischer Währung zu begleichen.

Nationalgefühl, das in dieser Frage den Ausschlag gegeben hat, wurde damit Genüge getan.

Die Anbahnung wirtschaftlicher Beziehungen zwischen Ostoberschlesien und dem übrigen Polen stößt insofern auf Schwierigkeiten, als die Interessen der kongreßpolnischen und der ostoberschlesischen Industrie oft recht verschieden sind. Die kongreßpolnische Großindustrie verdankt ihr Entstehen den russischen Schutzzöllen, und sie konnte sich daher neben der neuen Schwester nur behaupten, nachdem gewissermaßen zwei Zollgebiete in Polen gebildet waren. Dem schließlich erfolgten Syndikat-Zusammenschluß der kongreßpolnischen mit der ostoberschlesischen Industrie ging ein jahrelanger Kampf voraus. Dem Abschluß der Allgemeinen Polnischen Kohlenkonvention vom 1. Juli 1925 folgte im Januar 1926 das Polnische Eisensyndikat [1]). Von dem geeigneten Mittel, die verschiedenen Interessen der kongreßpolnischen und ostoberschlesischen Industrie in der gemeinsamen Arbeit am Aus- und Aufbau des Landes zu vereinen, konnte Polen bisher aus begreiflichen Gründen sehr wenig Gebrauch machen.

Wenn auch die Produktionskapazität der polnischen Industrie den Eigenbedarf Polens um ein Vielfaches übersteigt, bietet es doch an sich ein nicht enges Betätigungsfeld für die heimische Industrie. Es braucht nur an die mißlichen Zustände im Eisenbahnwesen erinnert zu werden. Eine Verbesserung und Verstärkung des Wagenparkes ist dringend notwendig und nicht minder die Anlage neuer Eisenbahnlinien. Wenn Polen den Gedanken der Verschmelzung Ostoberschlesiens mit dem Hinterlande — die Verkehrslage Ostoberschlesiens im polnischen Reich ist äußerst ungünstig — der Verwirklichung näher bringen will, hat es zunächst auch dieselben Grundvoraussetzungen für eine solche Vereinigung zu schaffen, wie es Deutschland mit dem Bau zahlreicher Eisenbahnlinien, aller-

---

[1]) Am 1. April 1926 wurde die Oberschlesische Kohlenkonvention auf 5 Jahre verlängert. Die Verhandlungen über die Verlängerung der gesamtpolnischen Konvention verliefen jedoch ergebnislos.

dings in jahrzehntelanger Arbeit und unter Aufwendung gewaltiger Kapitalien, gelungen ist. Die Pläne des polnischen Eisenbahnministeriums, die Verbindung Oberschlesiens mit Innerpolen durch den Bau mehrerer bereits näher bezeichneten Eisenbahnen herzustellen und sogar das Eisenbahnnetz innerhalb des Industriereviers noch weiter auszubauen[1]), werden für absehbare Zeit, wenn nicht für immer, an dem Fehlen von Mitteln scheitern. Auch die landesfremde Spekulation, die Polen ausbeutet, zeigt hierfür weniger Verständnis.

Es ist bekannt, daß Unselbständigkeit und Geldmangel die polnischen Banken und Industrieunternehmungen gezwungen haben, in großem Umfange ausländisches Kapital ins Land zu ziehen[2]). Nach der Einverleibung Ostoberschlesiens in die polnische Republik wurde dem Fremdkapital, das die ganze polnische Volkswirtschaft, Bankwesen, Textil-, Montan- und Petroleumindustrie, durchsetzt hat, nun auch der Weg in diese bisher rein deutsche Industrie gebahnt. Die Überfremdung kann hier um so leichter vor sich gehen, als die wirtschaftliche Kraft des eingesessenen Deutschtums unter Nichtachtung des im Genfer Vertrage zugesicherten Minderheitenschutzes planmäßig zermürbt wird. Das noch vorhandene reichsdeutsche Kapital, das etwa ein Drittel des gesamten in den oberschlesischen Gesellschaften investierten Kapitals darstellt, wird man so lange dulden, als es sich nicht durch anderes ersetzen läßt. Schon vor der Teilung wurde in Paris eine französisch-polnische Gesellschaft, die „Skarboferm" (société formière des mines fiscales de l'Etat Polonais en Haute-Silésie) gegründet, die die ehemals preußisch fiskalischen Gruben

---

[1]) Korzycky, Transportfragen in Polen. Zeitschrift des Kattowitzer Vereins, Jahrgang 62, Heft 3. — Die zwischen Stahlhammer (Kalety) und Wilhelmsbrück (Podzamcze) geplante Strecke würde z. B. in Umgehung des Kreuzburger Korridors eine direkte Verbindung mit Posen und Danzig, das für den Export wichtig ist, schaffen. Vgl. „Oberschles. Wirtschaft" 1926, S. 307.

[2]) Slowinski, Die wirtschaftliche Lage und Zukunft der Republik Polen. Berlin 1922.

(Königsgrube, Rheinbaben, Knurow) vom Polnischen Staat auf 36 Jahre gepachtet hat. Auch an den Hohenlohewerken ist neben tschechischem besonders französisches Kapital, und zwar die Loucheur-Gruppe, in erheblichem Umfange beteiligt. Mit der Beteiligung an diesen beiden Gesellschaften erstreckt sich der französische Einfluß auf acht Steinkohlengruben, die früher ein Fünftel der Gesamtproduktion förderten. An der Schlesischen A.-G. für Bergbau und Zinkhüttenbetrieb Lipine sind etwa drei Viertel belgisches und französisches, an der Giesche-Gesellschaft seit der Sanierung amerikanisches Kapital interessiert. Englisches Kapital hat sich an den Donnersmarckschen Steinkohlengruben beteiligt und damit in Ost-Oberschlesien Fuß gefaßt. Italienisches Kapital, das bereits vor dem Kriege in der kongreßpolnischen Industrie zu finden war, hat sich unter Führung der Banca Commerciale, Mailand, im Rybniker Kohlenrevier festgesetzt.

Dazu kommen die Polonisierungsbestrebungen. Korfanty, der berüchtigte Aufstandsagitator, der in die Skarboferm als Vertreter der polnischen Regierung eingesetzt wurde[1]), hat nach der Teilung des Industriebezirks seine Hauptaufgabe darin gesehen, die oberschlesische Großindustrie ihres deutschen Charakters zu entkleiden und den polnisch staatlichen Einfluß zu befestigen. So wurden — um einige Beispiele anzuführen — durch österreichische und tschechische Vermittlung bedeutende Anteile der Bismarckhütte A.-G., der Kattowitzer A.-G. und der Vereinigten Königs- und Laurahütte A.-G., der größten Unternehmung Oberschlesien, erworben. Soweit der Einfluß bereits groß genug ist, werden die leitenden Stellen mit Personen polnischer Nationalität besetzt. Der Leiter der Vereinigten Königs- und Laurahütte hat einem Polen weichen müssen, und auch die Zusammensetzung des Aufsichtsrats der Hohenlohewerke A.-G., wie des Vorstandes einer Reihe andrer Gesellschaften deutet auf den starken polnischen Einfluß.

---

[1]) Er soll jedoch dieses Postens enthoben werden. Berliner Börsenzeitung 1926, Nr. 248, und Leipziger Neueste Nachrichten 1926, Nr. 200.

Unter dem Druck der allgemeinen Wirtschaftskrise, die seit der Stabilisierung der Währung (Frühjahr 1924) datiert und zumal nach dem Ausbruch des Zollkriegs, der am 15. Juni 1925 mit dem Wegfall der zollfreien Einfuhrkontingente Ostoberschlesiens nach Deutschland begann, änderte sich jedoch die Lage. Es mehren sich jenseits der Grenze die Stimmen für eine „polnisch-deutsche Wirtschaftskooperation“ [1]).

Schwierige Verhältnisse auf dem Geld- und Kapitalmarkt, die wirtschaftsfeindliche Steuer- und Sozialpolitik des Staates und besonders die unheilvollen Nachwirkungen der Teilung haben die ostoberschlesische Industrie nach der vorübergehend günstigen Konjunktur während des Ruhrkampfes dem Zusammenbruch nahegebracht. Seitdem überdies Mitte Juni 1925 der deutsche Markt sich schloß, wurde die Lage unerträglich.

Die Produktion an Steinkohle sank von $26^1/_2$ Millionen Tonnen im Jahre 1923 auf 23,7 Millionen Tonnen im Jahre 1924 und 21,4 Millionen Tonnen [2]) im Jahre 1925 oder 67 Proz. der Vorkriegsförderung. Da in derselben Zeit die Steinkohlenproduktion Westoberschlesiens von 8,7 auf 10,9 und 14,3 Millionen Tonnen gestiegen ist, hat sich der Anteil Ostoberschlesiens an der Gesamtförderung Oberschlesiens von 75,2 Proz. im Jahre 1923 auf 68,6 Proz. im Jahre 1924 und 67,3 Proz. im Jahre 1925 verschlechtert. In der zweiten Hälfte des Jahres 1925 stellte sich der Anteil Ostoberschlesiens nach der Stillegung zahlreicher Gruben auf nur 56,1 Proz. Beim Wegfall des zollfreien Kontingents ging der deutsche Absatzmarkt an die westoberschlesischen Gruben verloren, und Polen bemühte sich, den natürlichen Absatz durch Steigerung des Inlandkonsums und Erschließung neuer Auslandsmärkte zu ersetzen. Die östlichen Randstaaten, die Nordstaaten, Holland, Nordfrankreich, Italien

---

[1]) Studnicky, Polnisch-deutsche Wirtschaftskooperation. Zeitschrift des Kattowitzer Vereins 1925, S. 762.

[2]) Da die Förderung des gesamtpolnischen Steinkohlenbergbaus sich auf 29 Millionen t belief, beziffert sich im Jahre 1925 der Anteil Ostoberschlesiens auf 74 Proz.

und der Balkan wurden durch eine großzügige Propaganda bearbeitet. Teilweise unter bedeutenden Verlusten und begünstigt durch den englischen Streik, durch den fallenden Zloty und nicht zuletzt durch die äußerst mäßigen Tarife der polnischen Staatsbahn gelang es, Augenblickserfolge zu erzielen. Auf die Dauer werden sich die neuen Märkte, zumal der englischen Konkurrenz gegenüber, die ängstlich die polnischen Exportbestrebungen überwacht, nicht halten lassen[1]). So einfach wird das Transportproblem Oberschlesiens nicht zu lösen sein.

Über die Entwicklung des Steinkohlenabsatzes Deutsch-Oberschlesiens in den Jahren 1923—1925 geben folgende Zahlen Aufschluß:

Steinkohlenabsatz nach	1923	1924	1925
Deutsch-Oberschlesien . . .	3 521 852 t	3 594 200 t	4 241 139 t
Übriges Deutschland . . ,	4 324 749 t	6 087 447 t	8 737 669 t
Polnisch-Oberschlesien . . .	60 326 t	45 523 t	23 699 t
Übriges Polen	—	7 456 t	5 761 t
Tschechoslowakei	17 t	129 838 t	553 564 t
Deutsch-Österreich	—	57 081 t	121 104 t
Ungarn	—	16 396 t	20 488 t
Übriges Ausland	—	9 166 t	18 157 t
	7 906 167 t	9 938 107 t	13 721 581 t

Während die Steinkohlenproduktion Westoberschlesiens eine ungeahnte Entwicklung genommen hat, befindet sich die Eisenindustrie diesseits und jenseits der Grenze in einem schweren Kampf um die Existenz.

Die Produktion an Roheisen betrug in Ostoberschlesien im Jahre 1925 228 000 Tonnen gegen 409 000 Tonnen im Jahre 1923 und 613 000 Tonnnen im Jahre 1913; an Fertigfabrikaten der Walzwerke 430 000 Tonnen im Jahre 1925 gegen 596 000 Tonnen und 729 000 Tonnen in den Jahren 1923 und 1913. Von den im Revier vorhandenen 21 Hochöfen waren Anfang 1924 13, seit Anfang 1925 6 und Mitte 1926 7 in Betrieb. Die Produktion an Zinkblende betrug im Jahre 1925

[1]) Vgl. hierzu „Oberschlesische Wirtschaft", Mai 1926, S. 41 ff.

247 000 Tonnen, an Galmei 72 000 Tonnen, an Bleierzen 19 000 Tonnen, an Eisenerzen 18 000 Tonnen, an Rohzink 98 000 Tonnen, an Zinkblech 27 000 Tonnen, an Blei 21 000 Tonnen.

Für die Metallindustrie einschließlich Zink- und Bleierzgruben und Zinkwalzwerke sind von Deutsch-Oberschlesien folgende Ergebnisse geliefert worden:

	1913	1923	1924	1925
Roheisen insgesamt	381 318	368 182	262 264	288 870
Stahl- und Spiegeleisen . . .	121 819	170 253	192 046	144 028
Rohblöcke	345 957	379 238	261 097	346 770
Fertigerzeugnisse d. Walzwerke, einschließlich der Schmiede- und Preßwerke	234 818	245 598	186 292	235 783
Zinkblende	92 463	38 132	39 187	49 753
Bleierze	15 300	5 194	5 073	6 639
Eisenerze	4 225	1	460	—
Schwefelkies	5 688	1 704	1 972	7 533
Zinkstaub	528	86	39	8 929
Zinkblech	3 935	3 406	4 410	4 547
Blei (Zinkblei)	163	45	56	99

Von den 15 Hochöfen des Reviers standen im Juni 1926 sechs unter Feuer. Infolge der hohen Gestehungskosten, die durch die Einführung der Achtstunden-Schicht mit dem Drei-Schichtensystem ab 1. Januar 1926 sich noch ungünstiger stellten, gestaltete sich der Auslandsabsatz immer schwerer, und die Industrie wurde fast ausschließlich auf den Inlandsmarkt beschränkt. Hier brachte bei dem Darniederliegen der weiterverarbeitenden Industrie selbst die Ausschaltung der polnischen Konkurrenz (Mitte 1925) keine Besserung. Überdies trat überall die Absatz suchende Industrie Mitteldeutschlands und des Rheinisch-Westfälischen Reviers als Konkurrentin auf.

Daß der Zollkrieg mit Polen die polnische Hüttenindustrie empfindlich geschädigt hat, wird im allgemeinen auch von Polen nicht bestritten. Inwieweit die deutsch-oberschlesische Industrie durch den Zollkrieg berührt worden ist, geht daraus hervor, daß vor seinem Ausbruch im ersten Halbjahr 1925 an Roh-, Handels-, Stab- und Bandeisen, Blechen, Grauguß und Schmiedestücken 68 000 t aus Polen nach Deutschland ausgeführt und nur 15 700 Tonnen von Deutschland nach Polen eingeführt wurden. Infolge des Zollkrieges ist in den Monaten Januar—April 1926, verglichen mit denselben Monaten des Vorjahres, die polnische Ausfuhr an Eisen und Eisenprodukten aller Art auf zwei Fünftel gesunken; bei Walzeisen und Stahl zeigt sich eine Verminderung auf weniger als ein Zehntel, bei Schienen auf ein Fünftel [1]).

Aus der wirtschaftlichen Entwicklung Ostoberschlesiens unter dem Einfluß der Teilung und des Zollkrieges geht klar hervor, daß, im Vergleich zu Westoberschlesien, die Grenzziehung sich hier noch weit ungünstiger ausgewirkt hat und daß bei den Handelsvertrags-Verhandlungen zur Beilegung des Zollkrieges das Hauptinteresse auf polnischer Seite liegt.

4. Abschnitt

Die Umstellungen in West-Oberschlesien zur Bildung einer Wirtschaftseinheit

Aus den Ausführungen des vorhergehenden Abschnitts erhellt, daß im Hinblick auf die polnische Wirtschaftspolitik an die Aufrechterhaltung einer Wirtschaftseinheit nicht zu denken war. Da Polen nach der Teilung Oberschlesiens sich unablässig bemüht zeigte, das ostoberschlesische Wirtschaftsleben getrennt vom deutschen Teil in neue Bahnen zu lenken, mußte auch Westoberschlesien darauf bedacht sein, möglichst unabhängig von Ostoberschlesien seinen eigenen Weg zu gehen. In Westoberschlesien sind daher zahlreiche Maßnahmen getroffen worden mit dem Ziel, eine neue selbständige Wirtschaftseinheit zu bilden.

Zur erfolgreichen Lösung der Aufgabe, aus dem bis vor kurzem mit dem Ganzen innig verbundenen Restteil ein neues,

---

[1]) Vgl. „Oberschles. Wirtschaft", Februar 1926, S. 78 und Juni, S. 307.

wirtschaftlich selbständiges Industriegebiet zu schaffen, mußten nicht nur die einzelnen industriellen Unternehmungen sich um- und einstellen auf die neuen Verhältnisse. Nicht minder notwendig erwiesen sich auch Maßnahmen allgemein wirtschaftlicher Art. Auf diese soll hier zunächst eingegangen werden.

Vor allem bedurfte die Versorgung mit Wasser und elektrischer Energie einer Neureglung.

Ein Blick auf eine Karte der oberschlesischen Wasserversorgungsanlagen zeigt uns eine in sich geschlossene Einheit[1]). Über den ganzen Industriebezirk ist ein Netz von Röhren gespannt, das eine jede Grenzziehung, wie sie auch erfolgen mochte, jäh zerschneiden mußte.

Die Wasserversorgung des oberschlesischen Industriebezirks ist insofern mit großen Schwierigkeiten verbunden, als hier auf kleinem Raum große Menschenmassen zusammen wohnen, für deren Versorgung gewaltige Wassermengen gebraucht werden. Auch die industriellen Werke stellen große Anforderungen an die Wasserversorgung. Früher genügten die Brunnenwasser. Bei dem Wachsen der Bevölkerung reichten diese aber nicht lange aus, zumal der zunehmende Bergbau den Industriebezirk austrocknete und die Brunnen zum großen Teil versiegen ließ[2]). Da auch die Wassermengen, die einige Gruben den Landgemeinden und Städten zur Verfügung stellten, die Nachfrage nicht zu befriedigen vermochten, wurden die großen Wasserhebewerke erbaut, die heute eine überaus wichtige Aufgabe im wasserarmen Industriebezirk erfüllen. Die Wasserwerke entnehmen das Wasser den Triasschichten, die über dem Steinkohlengebirge lagern. Diese Triasschichten erstrecken sich in einem etwa 80 km langen und 10—20 km breiten Zuge von Krappitz an der Oder bis nach Olmusz in Polen[3]). In den Schichten des westlichen Teiles des Gebiets, in der Gegend von Zawada, Preiskretscham und im nordwestlichen Tarnowitz

---

[1]) Denkschrift a. a. O., S. 46.

[2]) Vgl. Die Trinkwasserbeschaffung im oberschlesischen Industrierevier. Bernhardis Gesammelte Schriften. Kattowitz 1908, S. 270.

[3]) Geisenheimer, Die Wasserversorgung des oberschlesischen Industriebezirks. Anlage zur Festschrift, S. 26.

sind die Kalksteine der Schaumkalkgruppe des unteren Muschelkalkes die Wasserbehälter. Von den fünf großen Wasserwerken, den staatlichen Anlagen Adolfschacht bei Tarnowitz und Wasserhebewerk bei Zawada, Adolfschacht der Donnersmarckhütte bei Mikultschütz, Wasserhebewerk Rosaliegrube und Wasserwerk bei Laband, das der Stadt Gleiwitz gehört, versorgten vor der Teilung die drei erstgenannten mit ihren Leitungen etwa die Mitte des Industriebezirks. Der östlich davon liegende Teil, der Landkreis Kattowitz und teilweise die Stadt Beuthen und einige Landgemeinden des Landkreises Beuthen erhielten das Wasser aus der Rosaliegrube, der westliche Teil wurde im wesentlichen durch Labander Wasser versorgt. Alle Leitungen standen jedoch in engem Zusammenhang. Plante man doch, den ganzen Industriebezirk durch ein einziges, zentrales Wasserwerk zu versorgen. Bei der Teilung Oberschlesiens sind der staatliche Adolfschacht bei Tarnowitz, auf dem bisher das Schwergewicht der Wasserversorgung lag, und das Wasserhebewerk Rosaliegrube an Polen gefallen. Da die Wasserversorgung des ganzen Industriegebiets ernstlich gefährdet worden ist, hat der Genfer Vertrag für fünfzehn Jahre schon deswegen ein gewisses Zusammenarbeiten der beiden Teile auf dem Gebiete der Wasserversorgung vorgesehen, weil die selbständige Versorgung Ostoberschlesiens bedeutend schwieriger ist.

In Deutsch-Oberschlesien sind schon im Frühjahr 1922 die Arbeiten in Angriff genommen worden, die Wasserversorgung selbständig zu regeln. Das wichtigste unter den in Westoberschlesien verbliebenen Werken, das Wasserwerk bei Zawada, hat einen umfassenden Ausbau erfahren. Durch Absenkung des Wasserspiegels gelang es, die Ergiebigkeit der beiden Hauptbohrlöcher beträchtlich zu steigern und so die nötigen Wassermengen zu erschließen. Der Neubau des Leitungsnetzes ist mit der Verlegung von 35 km Hauptzuleitungen im Jahre 1925 fertiggestellt worden.

Die Gesamtergiebigkeit des Zawadaer Werkes ist von 15 000 cbm Tagesförderung auf mehr als das Doppelte gestiegen.

Da auch in einigen Bergwerken, vor allem in der Donnersmarckhütte - Grube und der Karsten - Centrum - Grube, Trinkwasser erschlossen ist, kann der augenblickliche Bedarf von Deutsch-Oberschlesien selbständig befriedigt werden[1]).

An das Wasserwerk von Zawada ist auch die Stadt Beuthen, die noch nach der Teilung lange Zeit ihr Wasser aus Ostoberschlesien bekam, angeschlossen worden. In Ostoberschlesien, wo vier Jahre lang für die Wasserversorgung nichts getan worden ist, sollen die vorhandenen Wasserwerke nicht ausgebaut werden. Die Wasserversorgung soll hier vielmehr aus der Weißen Przemsa erfolgen.

Ähnlich wie die Wasserbeschaffung ist die Versorgung des Industriebezirks mit elektrischer Kraft durch die Teilung vor ernstliche Schwierigkeiten gestellt worden, da auch hier ein einheitliches System plötzlich entzwei geschnitten worden ist.

Abgesehen von kleinen Zentralen einzelner Werke erfolgt die Elektrifizierung des oberschlesischen Industriebezirks fast ausschließlich durch die Elektrizitätswerke der Schlesischen Elektrizitäts- und Gas-Aktiengesellschaft in Breslau. In den Jahren 1895—97 wurden die Oberschlesischen Elektrizitätswerke erbaut, die 1898 ihren Betrieb eröffneten. Zwei Kraftwerke, eins in Zaborze, das andere in Chorzow, erzeugen die elektrische Kraft. Von den Werken aus ist strahlenförmig ein Netz unterirdischer Kabel von 6000 Volt Betriebsspannung ausgebreitet, deren geheimnisvolle Kraft dem kleinen Abnehmer Licht spendet und der Industrie zum Maschinentrieb dient. Wasserhaltungsmaschinen, Fördermaschinen und Walzwerke sind einige der Hauptabnehmer. Die Hochspannungsleitungen haben eine Länge von 600 km und versorgen ein Gebiet, das etwa die Orte Tarnowitz—Rosaliengrube—Myslowitz—Ida-

---

[1]) Die Finanzierung dieser kostspieligen Anlagen erfolgte durch die am 27. Juni 1924 gegründete „Wasserwerk Deutsch-Oberschlesien G. m. b. H.", an der die großen deutsch-oberschlesischen Gesellschaften einschließlich der Schlesischen Elektrizitätswerk und Gas-A.-G. (O. E. W.) und der Preußischen Bergwerks- und Hütten-A.-G., die die deutsch gebliebenen Teile der staatlichen Wasserversorgungsanlage eingebracht hat, beteiligt sind.

weiche—Knurowgrube—Preiskretscham als Endpunkte umschließen. Die durch die Orte Tarnowitz—Bobrek—Morgenroth—Antonienhütte—Neudorf angedeutete Linie trennt dieses Gebiet in zwei Teile, in deren östlichem das Chorzower Kraftwerk vorherrscht, während im westlichen Teil das Zaborzer Werk den Hauptstrom liefert, soweit man bei dem Ineinandergreifen der Anlagen überhaupt von einer Grenze sprechen kann. Im Jahre 1920 betrug die Leistungsfähigkeit des zu Polen gefallenen Chorzower Werkes 85 000 kW, die des deutsch gebliebenen Zaborzer Werkes 32 000 kW.

Nachstehende Tabelle gibt über die Bedeutung, die die oberschlesischen Elektrizitätswerke für die Industrie und die übrigen Verbraucherkreise allmählich gewonnen hatten, Aufschluß.

Es verbrauchten an Strom in 1000 kWh.

Jahr	Industrie	Kleingewerbe und Beleuchtung	Elektrochem. Zwecke	Straßenbahn	Insgesamt
1900	2 317	2 817		2 155	7 289
1905	15 428	4 498		2 787	27 712
1910	67 666	12 246		4 136	84 043
1915	134 612	18 224		5 936	158 772
1916	—	—	114 345	—	—
1920	182 336	27 122	170 935	7 399	387 792
1922	181 952	31 547	130 895	7 197	352 830

Um die schwerwiegenden Folgen zu vermeiden, die die Teilung Oberschlesiens auf diesen wichtigen Wirtschaftsfaktor ausüben mußte, wurden den Oberschlesischen Elektrizitätswerken durch den Genfer Vertrag Sonderrechte eingeräumt, wonach der Grenze für drei Jahre die trennende Wirkung genommen wurde.

Da das uns verbliebene Kraftwerk in Zaborze in seiner bisherigen Leistungsfähigkeit den Anforderungen Deutsch-Oberschlesiens nicht entsprach und überdies die Nachfrage nach Strom im Steigen begriffen ist, weil viele Betriebe ihre Dampfanlagen abstellen und zum elektrischen Antrieb ihrer Maschinen übergehen, wurden Maßnahmen getroffen, die selbständige Stromversorgung West-Oberschlesiens zu gewährleisten. Das Zaborzer Kraftwerk wurde beträchtlich erweitert. Durch Aufstellung einer neuen Turbine wurde die Maschinenleistung auf annähernd 50000 kW und weiterhin auf 65000 kW erhöht. Das Leitungsnetz wird weit über Land ausgedehnt werden, und so in Fernleitungen gewissermaßen Kohle in verdichteter Form unter höchster Ausnutzung der in ihr schlummernden Kräfte über 100 km weit den Verbrauchern zugeführt. Die Umwandlung der Kohle in elektrische Energie gewinnt hier noch dadurch an Bedeutung, daß das Kraftwerk, das auf den Steinkohlenfeldern der Königin-Luise-Grube steht, hauptsächlich, Staubkohlen von weniger als 10 mm Körnung verbraucht, die man früher nicht zu verwenden wußte, bis die Elektrizitätswerke sie so zweckmäßig zu verwerten verstanden. Im Jahre 1924 hat die Gesellschaft insgesamt über $^1/_4$ Milliarde kWh abgegeben; im Jahre 1925 wurden im deutschen Teil Oberschlesiens 141 Millionen kWh, im polnischen Teil 289 Millionen kWh geliefert.

Ein neues Elektrizitätswerk ist in Bobrek von der Gräflich Schaffgottschen Verwaltung erbaut worden. Seine Maschinenleistung beträgt 40 000 kW. 1917 wurde mit dem Bau des Werkes begonnen, und 1921 konnten bereits kleine Mengen elektrischen Stroms abgegeben werden. Die Ungewißheit des politischen Schicksals Oberschlesiens verzögerte zunächst die Fertigstellung. Seit der Teilung wurde das Versäumte nachgeholt und an dem Ausbau des Werks weitergearbeitet.

Auch nach außen hin ist, in Vorbereitung für die Auseinandersetzung mit dem polnischen Staat wegen Übernahme des Chorzower Werks, die Neureglung der Elektrizitätsversorgung durch die am 3. Mai 1922 erfolgte Abzweigung der „Oberschlesischen Kraftwerk-Aktiengesellschaft“ mit dem Sitz in Kattowitz zum Ausdruck gekommen.

Bei den Umstellungsmaßnahmen der einzelnen industriellen Unternehmungen lassen sich solche doppelter Art unterscheiden. Einerseits wurde die Loslösung der westoberschlesischen Industrie durch Veränderungen in der Unternehmungsorganisation dadurch angestrebt, daß die durch die politische Grenze von der leitenden Hauptunternehmung getrennten Glieder zu rechtlich selbständigen Einzelunternehmen gemacht wurden. Zum andern mußten auch zahlreiche Bande, die durch die Teilung verständnislos zerrissen worden sind, durch Anknüpfung neuer Beziehungen innerhalb Westoberschlesiens ersetzt werden. Unmittelbar nach der Teilung hat die Neugestaltung bedeutsame Veränderungen gezeitigt.

Von der Hohenlohewerke-A.-G., die als solche in Ostoberschlesien bestehen bleibt, wurden die auf deutschem Gebiet verbliebenen Kohlengruben Öhringen bei Ellguth Zaborze und Sosnitza im Kreise Hindenburg getrennt und am 14. November 1921 in die neu gegründete Öhringen-A.-G. in Gleiwitz eingebracht [1]).

Die Kattowitzer Aktiengesellschaft für Bergbau und Eisenhüttenbetrieb, Kattowitz, hat als alleinigen Bestandteil das Steinkohlenbergwerk Preußengrube in Miechowitz, Landkreis Beuthen auf deutschem Boden gelassen. Dieses Bergwerk, das bis 1913 als selbständige Aktiengesellschaft betrieben worden ist, wurde wieder in die frühere Gesellschaftsform gekleidet.

Arg in Mitleidenschaft gezogen wurde durch die Teilung der Besitz der Schlesischen Aktiengesellschaft für Bergbau und Zinkhüttenbetrieb, Lipine. Von den Steinkohlenbergwerken fielen Andalusien und Mathilde auf polnisches Gebiet, Vereinigte Karsten-Centrum blieb deutsch. Die Zink- und Bleierzgrube Cecilie wurden polnisch, während Jenny-Otto, Fiedlers Glück und Wilhelmsglück diesseits der neuen Grenze liegen. Das Schicksal des Zinkerzbergwerks Cecilie teilten die Werke Silesia in Lipine und Kunigunde in Bogutschütz-Süd, während die Zinkwalzwerke Jedlitze und Ohlau bei Deutschland verblieben. Die frühere Gesellschaft bleibt nur für die Polen

---

[1]) Das Kapital — 5 000 000 RM. — wurde von einem französisch-polnischen Konsortium übernommen.

zugefallenen Werke bestehen. Für die deutsch gebliebenen Anlagen wurde eine neue Gesellschaft, die „Schlesische Bergwerks- und Hütten-A.-G.", gegründet. Der Sitz der neuen Gesellschaft ist Beuthen. Die frühere Oberschlesische Zinkhütten-A.-G., Kattowitz, ist mit Wirkung vom 1. April 1921 in die Schlesische A.-G. für Bergbau und Zinkhüttenbetrieb übergegangen.

Auch die Gräflich Schaffgottschen Werke mußten einen großen Teil ihrer Vermögenswerte auf das abgetretene Gebiet fallen sehen. Die in Ostoberschlesien gelegenen Steinkohlenbergwerke Gotthardschacht, Lithandragrube und Godullaschacht wurden daher von der deutschen Verwaltung, die für die Neukonsolidierte Paulus-Hohenzollern-Steinkohlengrube mit der Hohenzollern- und Gräfin-Johanna-Schachtanlage fortbesteht, gelöst und in die Godulla-A.-G., die ihren Sitz in Morgenroth und eine Zweigstelle in Kattowitz hat, eingebracht.

Von der Oberschlesischen Eisenindustrie, Aktien-Gesellschaft für Bergbau und Hüttenbetrieb, Gleiwitz, wurden durch die Grenzziehung das Stahl- und Walzwerk Baildonhütte in Domb bei Kattowitz und die Eisenhütte Silesia in Paruschowitz, Kreis Rybnik, abgetrennt. Die Werke wurden in die „Baildonhütte-Aktiengesellschaft" und „Eisenhütte Silesia Aktiengesellschaft" eingebracht.

Besonders unglückliche Folgen zeitigte die Teilung des Industriebezirks für die Oberschlesische Eisenbahn-Bedarfs-A.-G. Von ihren Betrieben sind das Steinkohlenbergwerk Friedensgrube, die Hochofen- und Hüttenwerke der Friedenshütte und sämtliche Erzförderungen im Kreise Tarnowitz auf dem Polen zugeteilten Gebiet gelegen. Diese Werke wurden von der Gesellschaft losgelöst und aus ihnen die „Friedenshütte Aktiengesellschaft Nowy Bytom" gebildet.

Während alle diese Maßnahmen die Bildung einer Wirtschaftseinheit durch Trennung vom früheren Ganzen bezwecken, wollen die Umstellungen innerhalb des Industriereviers durch neues Aufbauen demselben Ziele dienen. Das

Streben einzelner Unternehmungen, die Störungen in der Brennstoffversorgung zu beseitigen und sich Bezugsmöglichkeiten innerhalb Deutsch-Oberschlesiens zu sichern, gibt die Richtung an, in der sich diese Umstellungen zunächst bewegten.

So war die Kohlenversorgung der Oberschlesischen Eisenbahnbedarfs-A.-G. nach der Trennung von der Friedensgrube sehr gefährdet worden. In dem Bericht für das Geschäftsjahr 1921 wurde im Hinblick auf die bevorstehende Teilung der Besorgnis mit folgenden Worten Ausdruck gegeben: „Bei einer noch so milden Handhabung der Grenzübergangsbestimmungen wird die neue, unsere Rohstoffbasis abtrennende politische Grenze den innigen, zu einer gedeihlichen Weiterentwicklung notwendigen Zusammenhang zum mindesten stören, wenn nicht gar gänzlich zerreißen." Durch den Erwerb der Aktienmehrheit der Donnersmarckhütte A.-G., deren Steinkohlenbergwerke mit einer Jahresförderung von über 1 Million Tonnen bei Deutschland verblieben sind, und weiterhin durch einen Zusammenschluß mit der Oberschlesischen Eisen-Industrie-A.-G. suchte die Oberschlesische Eisenbahnbedarfs-A.-G. die notwendige Grundlage für eine gedeihliche Weiterentwicklung von neuem zu schaffen, „den Fortbestand der Oberschlesischen Eisenindustrie, und damit der oberschlesischen Wirtschaft überhaupt, zu ermöglichen."

In ähnlicher Weise hat sich die Oberschlesische Eisenindustrie-A.-G. um die Versorgung ihrer Werke mit eignen Kohlen bemüht, indem sie sich die Preußengrube A.-G., die im Jahre 1925 eine Förderung von 928 000 Tonnen aufweist, angegliedert hat. Auf den Zusammenschluß der Eisenindustrie-A.-G., Oberbedarf-A.-G. und Donnersmarckhütte A.-G. wird noch an anderer Stelle hingewiesen.

Diese allgemeine Umstellung hat auch eine Neuordnung der Ein- und Verkaufsorganisationen bedingt. Für den Steinkohlenabsatz Deutsch-Oberschlesiens ist Ende 1922 das Oberschlesische Steinkohlensyndikat in Gleiwitz gegründet worden. Bei der Verlängerung des Vertrages im April 1926 wurde auch der noch nicht angeschlossene Grubenbesitz der Bergwerksgesellschaft Georg von Giesches Erben, der Öhringen-A.-G. und der Gewerkschaft Castellengo angegliedert. Im Laufe der Zeit ist Westoberschlesien überdies den Verbänden für Röhren, Formeisen, Eisenbahnoberbaumaterial, Walzdraht, Drahtverfeinerungsprodukte und Grobbleche beigetreten.

5. Abschnitt

Der Aufbau der west-oberschlesischen Groß-Industrie

Im folgenden soll die westoberschlesische Großindustrie in ihrem Aufbau skizziert werden. Dabei sollen zunächst neben der Borsigwerke A.-G. die drei großen Unternehmen der Eisenindustrie zur Darstellung kommen, die sich im Juni 1926 in der „Vereinigten Oberschlesischen Hüttenwerke A.-G." zusammengeschlossen haben.

Die in dem restlichen Teil des Industriebezirks bei Deutschland verbliebenen Werke der Schwerindustrie hatten nach der Grenzziehung fast ausschließlich folgende vier Großunternehmen in ihrer Hand vereinigt:

1. die Oberschlesische Eisenindustrie, A.-G. für Bergbau und Hüttenbetrieb, Gleiwitz;
2. die Oberschlesische Eisenbahnbedarfs-A.-G., Gleiwitz;
3. die Donnersmarckhütte, Oberschlesische Eisen- und Kohlenwerke A.-G., Hindenburg O/S.;
4. die Borsigwerke A.-G., Borsigwerk, Kreis Hindenburg.

Die **Oberschlesische Eisenindustrie-A.-G.** wurde am 9. Juli 1887 gegründet und umfaßte damals das Hochofenwerk Julienhütte in Bobrek und die Eisenwerke Herminenhütte in Laband und Baildonhütte in Domb bei Kattowitz. Im Jahre 1898 wurden von der Gesellschaft die Lachmann'schen Stanz- und Hüttenwerke in Paruschowitz angekauft. Diese wurden nach mehrfachem Wandel ihrer Unternehmungsform 1904 in die „Eisenhütte Silesia A.-G." eingebracht. 1920 ist diese A.-G. in die O. E. I. übergegangen.

Die Julienhütte in Bobrek bei Beuthen ging aus einem früher von der Vulkan-A.-G. betriebenen Hochofenwerk hervor; nach der Liquidation der Gesellschaft gelangte dieses Werk in den Besitz Friedländers und wurde aus dessen Konkursmasse von Georg und Oskar Caro erworben, um 1887 in die Oberschlesische Eisenindustrie-A.-G. eingebracht zu werden. Gegenwärtig besteht es nach Erweiterungen aus sieben Hochöfen. In einer über 300 Öfen zählenden Kokerei wird der Koks für die Hochöfen selbst hergestellt. Eine wesentliche Ergänzung erfuhr das sieben Hochöfen zählende Hochofenwerk im Jahre 1905 durch den Bau des Martinstahlwerks mit fünf Siemens-Martin-Öfen, die 1910 und 1912 um einen sechsten und siebenten, letzterer von 50 Tonnen, die übrigen von 40 Tonnen Fassung, vermehrt wurden. Im Jahre 1910 wurde ferner eine allen Anforderungen der Neuzeit entsprechende Blockstraße mit elektrischem Antrieb angelegt, so daß alles Halbzeug selbst hergestellt werden kann. Nicht nur räumlich, auch produktionstechnisch stehen diese Werksanlagen: Hochofenwerk, Stahlwerk, Walzwerk in engem Zusammenhang. Sie werden „in ganz unmittelbare Verbindung gebracht durch die Erfindung, das flüssig aus dem Hochofen kommende Material ohne erneute Erwärmung ‚in einer Hitze' zu Stahl zu verarbeiten und dann auch noch unter die Walzen zu bringen. „Dieses Verfahren bedeutet eine wesentlich bessere Ausnutzung der im Hochofen erzeugten Hitze, das heißt also: des dort verbrauchten Kokses, und damit auch eine volkswirtschaftlich wichtige Ersparnis an Kohle"[1]). In wirtschaftlicher Weise werden ferner die Koksofen- und Hochofengichtgase, die früher ungenutzt ins Freie entweichen mußten, in einer Zentrale in elektrische Kraft umgewandelt, die besonders im Walzwerk Verwendung findet. Das in der Julienhütte erzeugte Eisen und Halbzeug wird von den übrigen Werksanlagen der Unternehmung zur Weiterverarbeitung abgenommen, von der Herminenhütte in Laband in größeren Mengen, besonders seitdem das Puddelwerk zum Still-

---

[1]) Wiedenfeld, a. a. O., S. 87.

stand gekommen ist. In dem Labander Eisenwerk dienen drei Feineisen-Warmwalzwerke und ein Kaltwalzwerk der Verarbeitung der Stahlblöcke. Weitere Verbraucher von Halbzeug und Rohmaterial sind sodann die Draht- und Nägelwerke in Gleiwitz. Diese waren ursprünglich zwei getrennte Unternehmen, die 1886 zur Oberschlesischen Drahtindustrie-A.-G. vereinigt und 1889 an die Oberschlesische Eisenindustrie-A.-G. angegliedert wurden. Wie die Julienhütte sind auch diese Werke in den letzten Vorkriegsjahren erweitert und erneuert worden. Über 700 Drahtzüge und mehr als 1000 Arbeitsmaschinen dienen zur Herstellung von Eisen-, Kupfer-, Bronzedrähten, von Drahtseilen, die aus kalt gezogenem Walzdraht verfertigt werden, und von Sprungfedern, Nieten und Nägeln aller Art. Schaufeln, Spaten, Pflugschare und andere Schmiedewaren werden in der Königshulder Kleineisenzeugfabrik hergestellt. Die Vereinigung der Königshulder Eisen- und Stahlwarenfabrik mit der O. E. I. ist im Jahre 1912 vollzogen worden.

Nach dem Ausbau der Hüttenanlagen war das Unternehmen bestrebt, sich in der Kohlenversorgung unabhängig zu machen. Im Jahre 1909 wurden 975 von 1000 Kuxen der Gewerkschaft Konsolidierte Gleiwitzer Steinkohlengrube, die im Jahre 1925 nach 12jährigem Betrieb 348 000 Tonnen Steinkohlen förderte, erworben. Im Jahre 1914 gingen diese Kuxe in den Besitz der Oberschlesischen Kokswerke A.-G. über. Seit 1920 ist die Gesellschaft im Besitze sämtlicher 1000 Kuxe der Gewerkschaft Konsolidierte Steinkohlengrube Nord, wo durch Bohrungen Kokskohlen festgestellt sind. Dieses mit der Konsolidierten Gleiwitzer Steinkohlengrube markscheidende Bergwerk liegt jedoch innerhalb des Wasserschutzbezirks der Zawader Wasserversorgungsanlage und durfte bisher nicht erschlossen werden, um den Wasserzufluß nach Zawada nicht zu stören. Im niederschlesischen Revier sicherte sich die Oberschlesische Eisenindustie-A.-G. im Jahre 1920 durch Erwerb der Kuxenmehrheit Einfluß auf die Gewerkschaft Steinkohlenwerk Vereinigte Glückhilf-Friedenshoffnung,

Hermsdorf, Bez. Breslau. Es gehört zu den Kokskohle führenden, flözreichsten Bergwerken der Waldenburger Steinkohlenformation. Nach der Teilung des Industriebezirks, die im Jahre 1921 zur Gründung der Baildonhütte A.-G. und Silesiahütte A.-G. aus den im abgetrennten Gebiet gelegenen Werksanlagen geführt hat, wurde überdies im Jahre 1922 die Aktienmehrheit der Preußengrube A.-G. erworben. Diese Angliederung ist insofern von Bedeutung, als die Preußengrube in unmittelbarer Nähe des Hochofenwerks Julienhütte liegt und schon früher große Kohlenmengen an die Bobreker Werksanlagen abgegeben hat.

Zur Sicherung der Alteisenbeschaffung wurde, nachdem sich die frühere Einkaufsorganisation infolge der Teilung aufgelöst hatte, im September 1922 in Gemeinschaft mit der ehemaligen Schrottgroßhandlung Paul Ramisch & Co. die Eisenhandel-Ramisch-A.-G. mit dem Sitz in Gleiwitz gegründet und ihr die gesamte Schrottlieferung für das Stahlwerk Julienhütte übertragen.

Zu erwähnen ist in diesem Zusammenhang die Beteiligung an der im Februar 1923 gegründeten Eisenkredit A.-G., Berlin, die sich die Finanzierung des Einkaufs von Eisenschmelzmaterial für die eisenerzeugende Industrie zur Aufgabe gesetzt hat; ferner u. a. die Beteiligungen an der im Jahre 1924 gegründeten Silesiastahl G. m. b. H., einer Verkaufsgesellschaft für Stahlfabrikate, an der Rhenania, Ver. Emaillierwerke, A.-G., Düsseldorf.

Im November 1923 erfolgte die Verbindung mit der Linke-Hofmann-Lauchhammer A.-G. in Breslau, da die umfassende Kombination des Konzerns Vorteile versprach.

Durch nachstehende Übersicht läßt sich der Aufbau der Oberschlesischen Eisenindustrie, A.-G. für Bergbau und Hüttenbetrieb, Gleiwitz, vor ihrer laut Beschluß vom 25. September 1925 Anfang 1926 erfolgten liquidationslosen Fusion mit Linke-Hofmann-Lauchhammer, näher veranschaulichen:

I. W e r k s a n l a g e n i n W e s t o b e r s c h l e s i e n.

1. Hochofen-, Stahl- und Walzwerk Julienhütte in Bobrek bei Beuthen,
2. Eisenwerk Herminenhütte in Laband,
3. Draht- und Nägelwerke in Gleiwitz,
4. Kleineisenzeugfabrik Königshuld, Kreis Oppeln.

II. T o c h t e r g e s e l l s c h a f t e n i n O s t o b e r s c h l e s i e n.

1. Baildonhütte A.-G. in Domb bei Kattowitz,
2. Eisenhütte Silesia A.-G. in Paruschowitz bei Rybnik.

III. I n t e r e s s e n g e m e i n s c h a f t e n u n d T o c h t e r g e s e l l s c h a f t e n i n W e s t o b e r s c h l e s i e n u n d i m R e i c h e.

1. Linke-Hofmann-Lauchhammer A.-G., Breslau,
2. Preußengrube A.-G. in Miechowitz bei Beuthen,
3. Steinkohlenbergwerk Vereinigte Glückhilf-Friedenshoffnung, Hermsdorf Nied.-Schl.,
4. Eisenhandel Ramisch A.-G., Gleiwitz,
5. Erzbergwerk in Elbingerode,
6. Erzförderung in Brotterode i. Thür.,
7. Rhenania, Ver. Emaillierwerke, A.-G., Düsseldorf,
8. Roheisenfinanzierungs-G. m. b. H., Essen,
9. Silesiastahl G. m. b. H., Berlin,
10. Eisenkredit A.-G., Berlin,
11. Emaillierwerk Germania, G. m. b. H., Rosenthal bei Breslau.

Die **Oberschlesische Eisenbahnbedarfs-A.-G.** mit dem Hauptverwaltungssitz Gleiwitz wurde im Jahre 1871 gegründet. Damals wurden in das Unternehmen die Vermögenswerte der im Jahre 1855 aus dem Besitztum des Grafen Andreas Renard auf Groß-Strehlitz hervorgegangenen Schlesischen Hütten-, Forst- und Bergbaugesellschaft Minerva eingebracht, wozu neben einigen Zinkwerken die Eisenhütten Zawadzki, Sandowitz, Colonnowska, Vossowska und Friedenshütte sowie eine Anzahl

Kuxe verschiedener Bergwerke gehörten. Zu dem Kuxenbesitz wurden noch einige Kuxe anderer Gewerkschaften erworben und zur Anlage der Friedensgrube, die 1901 in Förderung kam, verwendet. Im Jahre 1905 hat die Gesellschaft ihren Zinkhüttenbesitz, die Rosamunde-Zinkhütte, eine Muffelfabrik in Friedenshütte, das Zinkwalzwerk Sandowitz und Anteile an Zinkerzgruben als Oberschlesische Zinkhütten-A.-G. veräußert. In demselben Jahr wurde das Stahlwerk Gleiwitz erworben. Dies stellt die wichtigste unter den Werksanlagen dar, die der „Oberbedarfs-A.-G." auf deutschem Boden verblieben sind.

Das Stahlwerk Gleiwitz gliedert sich wie die Julienhütte der Eisenindustrie-A.-G. in eine Reihe von Betriebsabteilungen, deren Kette aber nicht ebenso geschlossen ist, da hier das Anfangsglied, die Hochofenanlage, fehlt. Das Siemens-Martin-Werk umfaßt drei basische S.-M.-Öfen. Die Stahlgießerei besteht aus einem S.-M.-Ofen, einem Glühofen mit Herdwagen zum Ausglühen der Stücke und zwei Trockenöfen. Hier werden Stücke von $4^1/_2$ kg bis 15 Tonnen Stückgewicht gegossen. Schlackenmulden für den Hochofenbetrieb, Preßzylinder bis zu 500 Atmosphären Druck und Schiffsschrauben sind besondere Spezialitäten dieser Abteilung, der sich eine Eisen- und Tempergießerei angliedert, die wiederum mit einer Modelltischlerei, mechanischen Werkstatt und Gußputzerei verbunden ist. Der Formgebung dienen im Preßwerk nicht die sonst üblichen Dampfhämmer, sondern hydraulische Schmiedepressen von 400 bis 2000 Tonnen Druck, die aus den vom Stahlwerk herkommenden Blöcken Wellen für Dieselmotore und Wellenkupplungen für die größten Überseedampfer verfertigen. Einige Blöcke werden nur vorgeschmiedet, um in der Fabrik für nahtlose Hohlkörper ohne Schweißnaht zu Gas- und Preßluftbehältern oder Stahlzylindern ausgewalzt zu werden. Als weitere Verfeinerungsabteilungen sind die Räderdreherei, das Bandagenwalzwerk und die Fittingsfabrik, in der schmiedeeiserne Rohrverbindungsstücke hergestellt werden, anzuführen. Auf besondere Fabrikationszweige sind die Stahlröhrenwerke und die Blechwarenfabrik in Gleiwitz eingestellt.

Die nächst wichtigste Werksanlage der Gesellschaft sind in Westoberschlesien die Zawadzki-Werke. Diese stehen fabrikatorisch mit den im abgetretenen Gebiet liegenden Werken der Friedenshütte insofern in Zusammenhang, als in der Friedenshütte vorwiegend gröbere Eisenfabrikate erzeugt werden, während die Zawadzki-Werke meist Stab- und Fassoneisen aus Fluß- und Schweißeisen — letzteres wird in einem eigenen Puddelwerk erpuddelt — herstellen. Im Jahre 1911 sind die Zawadzki-Anlagen durch den Bau einer Feldbahnfabrik erweitert worden. Auch die Eisengießerei Colonowska mit zwei Kupolöfen und einem Flammofen zur Herstellung von Walzen, Maschinen und Walzwerksteilen gehört zur Zawadzki-Gruppe. Bei der Teilung des Industriebezirks war für die Werke die Trennung vom Steinkohlenbergwerk Friedensgrube und von den Koksanstalten und dem Hochofenwerk der Friedenshütte besonders empfindlich. Die Friedenshütte bildet nun zusammen mit der Friedensgrube und Dolomit- und Erzförderungen die Friedenshütte A.-G. Nowy Bytom. Aus den Ferrum-Werken wurde, wie schon erwähnt, die Ferrum-A.-G. Zawodzie-Kattowitz gegründet. Neben diesen beiden neuen Tochtergesellschaften sind zu erwähnen: die Oberschlesische Rohrbau-G. m. b. H. und als Verkaufsorganisation für die Erzeugnisse der Feldbahnfabrik Zawadzki, die Friedenshütter Feldnud Kleinbahnbedarfs-G. m. b. H., beide in Berlin. Es wurde auch bereits darauf hingewiesen, daß die nachteiligen Folgen, die die Trennung vom Rohstoff mit sich bringen mußte, für in Westoberschlesien gelegene Anlagen der Unternehmung zunächst nur durch einen Zusammenschluß mit der Donnersmarckhütte A.-G. gemildert werden konnten.

Die Donnersmarckhütte, Oberschlesische Eisen- und Kohlenwerke A.-G., Hindenburg Ob.-Schl., wurde am 1. Dezember 1872 gegründet. Sie umfaßt die Steinkohlenbergwerke Konkordia-Michaelgrube und Donnersmarckhütte und das Eisenhüttenwerk Donnersmarckhütte, das sich aus einem Hochofenwerk, einer Maschinenbauanstalt, Eisenbauwerkstätte, Kesselschmiede und Röhrengießerei zusammensetzt. Das vier Hochöfen zählende Hochofenwerk erzeugt das Eisen, das zum großen Teil in den übrigen Werksanlagen weiter verarbeitet wird. In der Eisengießerei, der größten im oberschlesischen Industrierevier, werden Gußstücke bis zu 50 000 kg Gewicht gegossen. Zur Maschinenbauanstalt gehören ferner: eine mechanische Werkstatt, eine Hammerschmiede, eine Abteilung mit Spezialfräs- und Bohrmaschinen, eine Walzendreherei und Werkzeugfabrik.

Nach dem am 1. November 1922 erfolgten Zusammenschluß der Donnersmarckhütte A.-G. mit der Oberschlesischen Eisenbahnbedarfs-A.-G. wurde von letzterer weiterhin unter dem Zwange der Not die Verschmelzung mit der Oberschlesischen Eisenindustrie-A.-G. angebahnt.

Nachstehende Zusammenstellung soll den Aufbau der Oberschlesischen Eisenbahnbedarfs-A.-G. nach der Verschmelzung mit der Donnersmarckhütte A.-G. zum Ausdruck bringen.

I. Werksanlagen in Westoberschlesien:

1. Stahlwerk Gleiwitz,
2. Stahlröhrenwerke Gleiwitz,
3. Hüttenwerk Zawadzki,
4. Eisengießerei Colonowska,
5. Schlackensteinfabrik Sosnitza.

II. Tochtergesellschaften und Werksanlagen in Ostoberschlesien.

1. Friedenshütte A.-G. Nowy Bytom (100 Proz.)[1]), umfassend die Werksanlagen:
   a) Erzförderungen im ehemaligen Kreise Tarnowitz,
   b) Steinkohlenbergwerk Friedensgrube,
   c) Hüttenwerke Friedenshütte,
   d) Eisenerzförderung Czerna in Galizien,
2. Friedenshütter Feld- und Kleinbahnbedarfs-G. m. b. H.,
3. A.-G. Ferrum in Bogutschütz-Süd bei Kattowitz (76 Proz.).

---

[1]) Höhe der Beteiligung der Oberbedarf-A.-G.

4. Oberschlesische Rohrbau-G. m. b. H., Tarnowski Gory (100 Proz.).

III. Beteiligungen in Westoberschlesien und im Reiche.

1. Donnersmarckhütte A.-G., Hindenburg O/S. (75 Proz.), mit den Werksanlagen:
   a) Steinkohlenbergwerke Konkordia-Michael und Donnersmarckhütte,
   b) Eisenhüttenwerk Donnersmarckhütte,
2. Otto Jachmann A.-G., Borsigwalde (Berlin), Gießerei und Maschinenfabrik (45 Proz.),
3. Oberschlesische Rohrbau-G. m. b. H., Berlin, und Friedenshütter Kleinbahn-G. m. b. H., Berlin (100 Proz.),
4. Deutscher Eisenhandel, A.-G., Berlin.

Mit den Ausführungen des Abschnittes IV über die Umstellung und Einstellung der Industrie auf die neuen Verhältnisse und den Übersichten dieses Kapitels über den Unternehmungsaufbau wird uns ein deutliches Bild von den dauernden Bestrebungen vermittelt, die Unternehmungsorganisation der neuen Lage entsprechend zu gestalten.

Schließlich ergab sich als letzter, wichtigster Schritt der Zusammenschluß von Oberbedarf-Donnersmarckhütte und der Eisenindustrie A.-G.

Oberbedarf verlor bei der Teilung das Steinkohlenbergwerk Friedensgrube und mit der Friedenshütte vor allem die Fabrikation der gröberen Eisenfabrikate: integrierende Bestandteile eines einzigen Ganzen. Sehen wir hier die Trennung von der wichtigen Rohstoffbasis und vom Anfangsprodukt, so bei dem anderen Großunternehmen, der Eisenindustrie-A.-G. die Loslösung wichtiger Verfeinerungsbetriebe: der Baildonhütte und der Silesiahütte.

So scheinen sich bei den korrespondierenden Verlusten — hier Anfangsprodukt, dort Endprodukt — die beiden größten Unternehmen des Bezirks zu ergänzen. Die Verschmelzung zu einem Ganzen ergab sich als produktionstechnische Notwendigkeit[1]).

An der „Vereinigten Oberschlesischen Hüttenwerke-A.-G." ist Linke-Hofmann-Lauchhammer für die frühere O. E. I. zur Hälfte, die beiden anderen Gesellschaften sind zu je einem Viertel beteiligt[2]).

Im einzelnen kann sich naturgemäß dieses Zusammenarbeiten der kombinierten Betriebe erst im Laufe der Zeit herausbilden. Ein Hilfskredit — für den der Zusammenschluß eine wichtige Voraussetzung ist — soll den Weg zum Wiederaufstieg ebnen[3]).

Von dem Zusammenschluß der drei erstgenannten Großunternehmen hat sich das vierte, die **Borsigwerke A.-G. in Borsigwerk, Kreis Hindenburg,** ferngehalten, da sie durch die Teilung nicht so unmittelbar wie die erstgenannten Unternehmen in Mitleidenschaft gezogen worden ist. Erst im Jahre 1920 wurde die frühere offene Handelsgesellschaft A. Borsig in die Borsigwerk-A.-G. umgewandelt. Die Hauptbetriebsanlagen dieses Unternehmens lagen ursprünglich in Berlin, wo seit 1837 August Borsig eine Maschinenbauanstalt und Eisengießerei betrieb. Das Bestreben, sich in der Rohstoffversorgung vom Markt unabhängig zu machen, hat Borsig nach Oberschlesien geführt. Heute setzen sich die Werksanlagen aus dem Steinkohlenbergwerk Ludwigsglück I., der von den Graf von Ballemstrem'schen Erben gepachteten Hedwigs-

[1]) Über die marktwirtschaftliche Bedeutung des Zusammenschlusses wird auf S. 75 der Arbeit gesprochen.

[2]) Das Aktienkapital beträgt 30 Millionen RM. Von der Oberschlesischen Eisenindustrie-A.-G. wurden die Julienhütte, die Herminenhütte und die Draht- und Nägelwerke Gleiwitz eingebracht. Die Donnersmarckhütte A.-G. und die Oberbedarfs-A.-G. werden als solche bestehen bleiben. Das Restgebilde der Oberschlesischen Eisenindustrie-A.-G. ist, wie schon erwähnt, mit der Linke-Hofmann-Lauchhammer A.-G. verschmolzen worden.

[3]) Vorbedingung für den Zusammenschluß war die mit Hilfe des Reichs, Preußens und interessierter Großbanken erfolgte Konsolidierung eines 40 Millionen RM.-Kredits der Seehandlung.

wunschgrube, die die von dem Unternehmen betriebene Kokerei mit Kohlen versorgt, und einem in mehrere Abteilungen gegliederten Eisenhüttenbetrieb zusammen. Das Hochofenwerk zählt drei Hochöfen, das Stahlwerk vier Martinöfen. Für Spezialzwecke wird in einem Puddelwerk Schweißeisen hergestellt. Dieses wird vornehmlich zur Fabrikation von Ketten benutzt, die im Kettenwalzwerk ausgewalzt werden. Der Verarbeitung und Verfeinerung dienen ferner: ein Stabeisen- und Blechwalzwerk, ein schweres Hammerwerk, eine mechanische Werkstatt und ein Bandagenwalzwerk.

Außer diesen gemischten Großunternehmungen gibt es noch einige Firmen, die weniger vielseitige Hüttenwerke betreiben. Die bedeutenderen Namen sollen hier erwähnt werden:

1. Staatliche Hütte Gleiwitz und Malapane.
2. Oberschlesische Kesselwerke B. Meyer, G. m. b. H., Gleiwitz,
3. Pielahütte, Konstruktionswerkstätte, Rudzinitz, Kreis Tost-Gleiwitz,
4. A. Deichsel, Drahtwerke, Hindenburg,
5. Hoffnungshütte, Kleineisenfabrik, Ratiborhammer,
6. Ganz & Co., Danubius, Eisen- und Stahlgießerei, Ratibor,
7. Gebr. Böhler, Preß- und Hammerwerk, Ratibor,
8. Gebr. Prankel, Eisengießerei und Maschinenfabrik, Gr.-Strehlitz,
9. Oppelner Eisengießerei und Maschinenfabrik C. Loesch, Oppeln,
10. Creutzburgerhütte, Eisengießerei, Creutzburgerhütte, Kreis Oppeln.

Die Zink- und Bleiindustrie

Es ist schon darauf hingewiesen worden, wie bedeutende Verluste in der Zinkindustrie die Teilung mit sich gebracht hat. Nur geringe Bruchstücke der früher so reichen oberschlesischen Zinkindustrie sind auf deutschem Boden verblieben, so daß man heute eigentlich kaum von einer deutsch-oberschlesischen Zinkindustrie sprechen darf.

Bei dem immerhin noch sehr wertvollen Vorrat an Zinkerzen ist der Aufbau einer neuen deutsch-oberschlesischen Zinkindustrie eine wichtige Aufgabe der nächsten Zukunft. Die deutsche Regierung hat bereits anerkennenswerterweise bewiesen, daß sie die große volkswirtschaftliche Bedeutung der Zinkindustrie Oberschlesiens zu würdigen weiß. Bei dem Abkommen zwischen Giesche und Harriman, amerikanischem Kapital, das die Sanierung der Gesellschaft übernommen hat, erhob die deutsche Regierung gegen einen Erzlieferungvertrag, wonach die Erze der deutschen Gruben zum Selbstkostenpreis abgenommen werden sollten, Einspruch. Die Harriman-Gruppe, die einen nicht unbedeutenden Teil der Weltproduktion innehat, war darauf bedacht, ihre Hand auf einen möglichst großen Teil der oberschlesischen Zinkerze zu legen. Diesen Bestrebungen hat Preußen im Einvernehmen mit dem Reich durch Verhinderung des Erzlieferungsvertrages vorgebeugt und weiterhin der Giesche-Gesellschaft, insofern ihr allein die Verfügungsmacht über die deutsch-oberschlesischen Erze bleibt, einen Kredit zur Anlage einer Zinkhütte in Deutsch-Oberschlesien eingeräumt. Diese geplante Zinkhütte wird die deutsch-oberschlesischen Zinkerze selbst verarbeiten, und damit wird der erste große Schritt zum Aufbau der Zinkindustrie getan sein.

In der Reihe der Zinkproduzenten Deutsch-Oberschlesiens sind im einzelnen folgende Unternehmen anzuführen:

1. Die Bergwerksgesellschaft Georg von Giesches Erben, Breslau,
2. Die Schlesische Bergwerks- und Hütten-A.-G., Beuthen,
3. Die Henckel von Donnersmarck-A.-G., Beuthen[1]),
4. Die Deutsch-oberschlesische Zinkindustrie-A.-G., Berlin.

Die letztgenannte Gesellschaft hat zu Beginn des Jahres 1926 eine Zinkoxydhütte in Betrieb genommen, die die Haldenerze der seit längerer Zeit stillgelegten Rudolfgrube im Gegensatz zu den älteren oberschlesischen Zinkhütten nach dem

---

[1]) The Henckel von Donnersmarck, Estates Ltd., Beuthen.

Kruppschen Walzverfahren verhüttet [1]). Das Produkt wird zur Weiterverhüttung auf Zink an die Schlesische A.-G. für Bergbau- und Zinkhüttenbetrieb, Lipine, geliefert. Dieselbe Gesellschaft erhält auch die von der gleichnamigen Tochterunternehmung in Beuthen geförderten Erze, um sie. nach der Verhüttung als Rohzink wieder den Zinkwalzwerken der Beuthener Gesellschaft zur weiteren Verarbeitung zuzuführen.

Die am 16. November 1921 gegründete Schlesische Bergwerks- und Hütten-A.-G., Beuthen, umfaßt die Zinkerzbergwerke Jenny Otto, Wilhelmsglück-Ostfeld, Fiedlersglück und das im Jahre 1922 erworbene Zinkerzbergwerk Konsolidierte Neue Viktoria, ferner die Zinkwalzwerke in Jedlitze (Malapane), Ohlau und Köln-Kalk. Die Feinzinkhütte Reisholz bei Düsseldorf wurde im Jahre 1924 angekauft. Die Produktion des Karsten-Centrum-Kohlenbergwerks, das zu dieser Gesellschaft gehört, beläuft sich auf etwa 1 Million Tonnen jährlich.

Die in Neuhof bei Deutsch-Piekar, dem einzigen diesseits der Grenze gelegenen Zinkerzbergwerk von Henckel von Donnersmarck, geförderten Erze müssen gleichfalls zur Weiterverarbeitung über die Grenze geschafft werden.

Von der Giesche-Gesellschaft sind sämtliche in Betrieb befindliche Anlagen nach Polen gefallen. Zur Ausbeutung der auf deutschem Gebiet verbliebenen Erzfelder wurde eine neue Grubenanlage, Deutsch-Scharley, in Bau genommen.

Was über den gegenwärtigen Stand und die Zukunft der Zinkindustrie gesagt ist, gilt auch für die mit ihr verbundene Bleiindustrie, deren Hütten — die fiskalische Friedrichshütte und die Walter-Croneck-Hütte — auf polnischem Gebiet liegen. Bleierze werden aus den Schächten der Zinkerzgruben gefördert. Die Preußische Bergwerks- und Hütten-A.-G. ist im Felde des Pilger-Schachtes und des neu abgeteuften Nimptsch-Schachtes der Friedrichsgrube [2]) mit Versuchsarbeiten beschäftigt.

---

[1]) Ostdeutsche Wirtschaftszeitung. Organ der Handelskammer Breslau. Jahrgang 4, Nr. 50, S. 997.

[2]) Vgl. Seite 31, Anm. 2 der Arbeit.

6. Abschnitt

Die Lebensfähigkeit der oberschlesischen Großindustrie

Wiederholt ist in dieser Arbeit darauf hingewiesen worden, mit wie großen Schwierigkeiten die oberschlesische Industrie, zumal die Eisenindustrie, wegen ihrer geographischen Lage zu kämpfen hat. Man hat daraus geschlossen, daß sie sich eigentlich am falschen Standort befinde und daß nur eine Revision des Standorts ihre Lebensfähigkeit gewährleiste. Die Teilung Oberschlesiens hat von neuem diese Frage aufleben lassen. Insbesondere hat sie Raßmann in einer Schrift „das Auswanderungsproblem der oberschlesischen Schwerindustrie“ [1]) zum Gegenstand einer eingehenden Untersuchung gemacht, mit dem Ergebnis, daß die Industrie auswandern muß, wenn sie sich weiter behaupten will. Raßmann untersucht — um auf seine Ausführungen hier kurz einzugehen — zunächst die Existenzmöglichkeit einer schlesischen Großeisenindustrie im Hinblick auf die Roheisenproduktionsbedingungen, wobei er die Faktoren Koks und Steinkohlen, Schmelzgut (Eisenerze, Schrott, Schlacken, Sinter aller Art und Schwefelkiesabbrände) und Zuschläge (Kalksteine und Dolomit) unterscheidet. In Bezug auf diese Grundlagen vergleicht er die Rohstoffversorgung im ober- und niederschlesischen Revier. Dabei weist er die „weitverbreitete Ansicht“, daß die oberschlesische Hüttenindustrie mit dem Kohlenbergbau innig verbunden sei, zurück und hebt anderseits die zu wenig bekannten Schätze Niederschlesiens hervor. Während die oberschlesischen Kohlen zur Verkokung nicht geeignet seien, sei der niederschlesische Kohlenbezirk in der Lage, durch seine Fettkohlen die Versorgung von Hochofenwerken in erheblichem Umfange sicherzustellen, wenn gleichzeitig die rationelle Kohlenbewirtschaftung noch weiter ausgebaut werde. So

[1]) Veröffentlichungen der Schlesischen Gesellschaft für Erdkunde, Heft 2. Breslau 1922.

biete die niederschlesische Kohle die Grundlage für eine Hochofenindustrie, damit auch für die Anlage von Stahlwerken. Vor allem kämen Siemens-Martin-Werke in Frage, die wiederum das Bindeglied zwischen Hochofenwerk- und Verfeinerungsindustrie darstellten. In besonderem Maße bedroht sei die oberschlesische Großeisenindustrie infolge der durch das Friedensdiktat verursachten allgemeinen Not an Verhüttungsmaterialien, da Oberschlesien seit längerer Zeit auf die Einfuhr von Erzen angewiesen sei, was historisch und zahlenmäßig zu beweisen nicht schwer ist. Da die erforderlichen Materialien zum großen Teil von überallher zusammengeholt werden müßten, erscheine die Existenz einer mehr zentral gelegenen Hochofenindustrie eher möglich als in dem exzentrisch gelegenen Oberschlesien. Weitere Erörterungen gelten der Frage nach dem neuen Standort, wobei Raßmann sich im wesentlichen von der Standortstheorie Webers [1]) leiten läßt. Das niederschlesische Kohlenrevier und das Vorgelände des Gebirges kämen infolge ungünstiger Produktions- und Absatzbedingungen für den neuen Standort nicht in Betracht, dagegen sei das Odergelände zwischen Breslau und Maltsch für die Anlage von Großeisenindustriewerken vorzüglich geeignet. Im Endergebnis schließt Raßmann seine Untersuchungen mit den Worten, die Schotte für die polnisch werdende Hüttenindustrie ausgesprochen hat: „Es ist unvermeidlich, daß, wenn die Eisenindustrie Oberschlesiens sich nicht selbst aufgeben will, sie auswandern wird, daß sie ihre heute noch bewahrte finanzielle Macht, ihre Organisation, ihre Initiative an Stätten neu konsolidiert, an denen ihr die Rohstoffe und Hilfsmittel mit geringeren Kosten zur Verfügung stehen, als das bisher in Oberschlesien der Fall war“ [2]). Damit wird die Lebensfähigkeit der oberschlesischen Schwerindustrie an ihrem gegenwärtigen „falschen Standort“ verneint.

---

[1]) Alfred Weber, Die Lehre vom Standort der Industrien, 1. Teil. Leipzig 1907. Ferner: Industrielle Standortslehre. Grundriß der Sozialökonomik. Band VI, S. 58, Tübingen 1923.

[2]) W. Schotte, Die Zukunft der oberschlesischen Wirtschaft, Preußische Jahrbücher 1921, Nr. 3, S. 72.

Es ergibt sich hier die Frage, ob man sich dieser Auffassung anschließen muß, oder ob es vielmehr nicht doch noch eine andre Lösung des Problems gibt, eine Lösung, die nicht nur der Eisenindustrie helfen will, sondern auch die Sorgen des Kohlenbergbaus und die Bedürfnisse der übrigen Industriezweige berücksichtigt.

Zunächst muß festgestellt werden, daß die Standortstheorie Webers in ihrer abstrakten Form wohl als Wegweiser nach dem neuen Standort dienen mag, daß sie sich aber nicht in derselben Weise anwenden läßt, um die Notwendigkeit der Verlegung eines alten Industrie-Standorts zu beweisen, da in dem einen und dem andern Fall andre Faktoren den Ausschlag geben.

Nach Weber sind Standortsfaktoren Kostenvorteile, die von einem Hierhin- oder Dorthingehen der Industrie abhängen, die Produktion also hierhin oder dorthin ziehen [1]). Die Standortsfrage läßt sich somit auf die Frage zurückführen, wo die Produktion sich am billigsten gestaltet und darum höchste Intensivität ermöglicht [2]), oder (nach Weber) wo der als Ganzes betrachtete Produktions- und Absatzprozeß einer bestimmten industriellen Produktion sich nach irgendeiner Richtung billiger durchführen läßt als anderswo [3]). Immer sind in Webers Theorie alle Standortsfaktoren auf die preisbildenden Komponenten Materialien, Arbeitskosten und Transportkosten zurückzuführen. Der erste dieser drei Faktoren läßt sich in dem dritten zum Ausdruck bringen, so daß sich in der Theorie zwei generelle Regionalfaktoren ergeben: Transport- und Arbeitskosten, von denen das Standortsproblem beherrscht wird. Die Industrie wird an ihren optimalen Transportkostenpunkt gezogen, also dorthin,

[1]) Alfred Weber, Die Standortslehre und die Handelspolitik. Archiv für Sozialwissenschaften, 32. Band, 3. Heft, S. 24. Berlin 1908.

[2]) E. Gothein, Bergbau und Hüttenindustrie. Grundriß der Sozialökonomik, VI. Abteilung, S. 294, Tübingen 1923.

[3]) Alfred Weber, Die Lehre vom Standort der Industrien a. a. O., S. 16; ferner Bernhard Rach, Die oberschlesische Kohlen- und Eisenindustrie, S. 38. Dissertation Greifswald 1913.

wo die Preise für das Heranschaffen des Rohmaterials und für den Absatz sich möglichst niedrig stellen. Der Arbeitsmarkt muß jedoch hierbei berücksichtigt werden. Er bringt die erste Abweichung in das durch die Transportkosten bestimmte Grundnetz der Standortsorientierung. Wenn man den optimalen Transportkostenpunkt zum optimalen Arbeitskostenpunkt in Beziehung setzt, ergibt sich der Standort der Industrie.

Auf der Grundlage dieser Weberschen Standortstheorie findet Raßmann für die oberschlesische Schwerindustrie einen neuen optimalen Transport- und Arbeitskostenplatz, einen neuen Standort. Er vergleicht diesen mit dem alten Standort und kommt zu dem bereits dargelegten Schluß.

Einer solchen Betrachtungsweise kann man folgendes entgegenhalten. Webers allgemeine kapitalistische Theorie des Standorts behandelt im wesentlichen nur die allgemeinen Standortsfaktoren, und als apriorische Standortslehre gilt sie nur für wenige Fälle, nur für völlig neu ins Leben zu rufende Produktionsprozesse. Bei der Analyse der Standortsfaktoren einer schon bestehenden Industrie muß man auf besondere, individuelle Gesichtspunkte Rücksicht nehmen, die bei einer neu anzulegenden Industrie nicht ins Gewicht fallen, die aber auch Standortsfaktoren im weiteren Sinne sind. Ein solcher, äußerst wichtiger individueller Faktor in der oberschlesischen Industrie ist die Tradition. Die Eisenindustrie Oberschlesiens ist ein „historisches Gebilde“. Dem historischen Moment wohnt aber eine stärkere Kraft inne, als es auf den ersten Blick scheinen mag. Jahrzehntelanges Zusammenarbeiten hat Kohlenbergbau und Eisenindustrie eng zusammengeschweißt, und von jeher ist der Zusammenhang zwischen Kohle und Eisen für Oberschlesien charakteristisch. Daß Oberschlesien zum großen Teil auf den Bezug fremder Erze angewiesen ist, darin liegt ein großer Nachteil für die Industrie. Daraus allein erhellt aber noch nicht, daß sie deswegen an ihrem alten Standort weniger lebensfähig ist als anderswo[1]). In mehrfacher Beziehung ist sie an ihren gegenwärtigen Standort „gebunden“[2]). Wie sehr sie an die Kohlenbasis, das Kraftmaterial, gebunden, also materialorientiert ist, hat sich in jüngster Zeit wieder bei den Umstellungen gezeigt, die die Industrie nach der Teilung vorgenommen hat, da die einzelnen Unternehmungen es als eine ihrer Hauptsorgen betrachteten, die Kohlenversorgung von neuem sicherzustellen[3]). Überdies verliert ein Mangel der oberschlesischen Kohle, die geringe Verkokbarkeit, die ihre Verwendung in der Eisenindustrie bisher beschränkt hat, mehr und mehr an Gewicht. Es gelingt der Technik, durch wissenschaftlich begründete Verfahren die oberschlesische Kohle in immer höherem Grade verkokbar zu machen. Da früher in Deutschland an guten Kokskohlen kein Mangel war, wurde die Möglichkeit, auch aus Kohlen, die an sich zur Verkokung weniger geeignet sind, einen brauchbaren Koks herzustellen, nicht hinlänglich gewürdigt und erforscht. Erst im Kriege und in der Nachkriegszeit hat die Not an Brennstoffen und besonders auch an gutem Koks dazu getrieben, die Bedingungen, von denen die Güte des Kokses abhängt, näher zu prüfen und die Ergebnisse bei der Koksfabrikation zu verwenden. In letzter Zeit ist es geglückt, verhältnismäßig guten Koks herzustellen, indem man oberschlesische Kohlen mit einem geringen Quantum niederschlesischer vermischte. Auch der Zusatz von Halbkoks als Magerungsmittel

---

[1]) „Oberschlesiens Eisenindustrie erfreut sich einer soliden Grundlage wegen seines ungeheuren Kohlenreichtums, trotzdem es auf starke Erzeinfuhr vom Auslande angewiesen ist.“ Krüger, Volkswirtschaftliches Jahrbuch der Stahl- und Eisenindustrie 1913/14, S. 317.

[2]) Sombart (Archiv für Sozialpolitik und Sozialwissenschaft, Bd. 30, Tübingen 1910) hält der Standortslehre Webers entgegen, daß sie eine Theorie des freien Standorts sei. Die meisten Standorte beruhten jedoch nicht auf freier Wahl, seien vielmehr gebunden an einen der drei hauptsächlichen Orientierungspunkte: den Konsum-, Arbeits- oder Materialplatz.

[3]) Welch außerordentliche Bedeutung die Nähe des Kraftstoffes Kohle für die Zinkverhüttung hat, erhellt daraus, daß zur Herstellung von 1 t Rohzink etwa 8 t Kohle benötigt werden.

wird empfohlen[1]). Wenn man von diesem Faktor auch nicht allzuviel erwarten darf, so erscheint jedenfalls die Hoffnung begründet, daß die oberschlesische Kohle in Zukunft in immer größerem Maße für den Koksofen verwendbar wird[2]).

Noch in andrer Weise ist die oberschlesische Großeisenindustrie gebunden. Man braucht nur an die Arbeitermassen zu denken. Erst bei der Teilung Oberschlesiens, die eine Abwanderung der Arbeiter nach dem deutschen und polnischen Gebiet verursachte, machte sich der Mangel an gelernten Arbeitern zum Schaden aller Betriebe fühlbar. Bei einer Auswanderung der Industrie ließe sich das Arbeiterheer schon aus rein psychologischen Gründen nicht aus dem angestammten Wirkungskreise entfernen.

Abgesehen von all diesen Umständen wäre es höchst unwirtschaftlich, die bedeutenden, in Oberschlesien angelegten Kapitalien von dem Grunde loszulösen, in dem sie verankert sind. Der Versuch, eine Standortsverlegung dennoch durchzuführen, müßte an der Unmöglichkeit, diese Kapitalien neu aufzubringen, scheitern.

Nachdem somit die Notwendigkeit und Möglichkeit einer Standortsverlegung verneint wird, muß dargelegt werden, unter welchen Bedingungen die Schwierigkeiten, mit denen die oberschlesische Eisenindustrie zu kämpfen hat, behoben werden können. Die Hauptrolle spielt hierbei das Transport- und Verkehrsproblem. Dem Nachteil der Marktferne kann für die Dauer nur durch ein Mittel, und zwar durch den Ausbau der

---

[1]) Meyn, Die Verbesserung des oberschlesischen Kokses. Zeitschrift des Oberschlesischen Berg- und Hüttenm. Vereins 1925, S. 472.

[2]) Bei weniger guten Kokskohlen ist besonderes Gewicht auf die richtige Behandlung im Verkokungsprozeß zu legen. Während bei edlen Kokskohlen die Ofenheizung und die Geschwindigkeit der Wärmedurchdringung keine so große Rolle spielen, sind dies bei schlecht backenden Kohlen den Erfolg wesentlich beeinflussende Momente. Nach dem Patent des Amerikaners Robert soll es überhaupt keine Grenze zwischen backender und nichtbackender Kohle geben. Zu erwähnen ist ferner Baille-Barrelle und Koppers, der auf schlesischen Gruben erfolgreiche Versuche gemacht hat. Nach: A. Thau, Stahl und Eisen, vom 30. 8. 1923.

natürlichen Verkehrsstraße, der Oder, begegnet werden. Die Verbilligung der Eisenbahnfrachtpreise durch Vorzugstarife, die zeitlich beschränkt sind und daher immer wieder erkämpft werden müssen, bleibt nur ein Kunstmittel und bildet keine geeignete dauernde Grundlage für eine gedeihliche Entwicklung der Industrie. Überdies wird heute und in der nächsten Zukunft die Industrie von Tarifermäßigungen der Eisenbahn noch weniger als früher eine wesentliche Unterstützung erhoffen können. Die Tariferleichterungen, die die Industrie bei der neuen Reichsbahngesellschaft durchgesetzt hat, sind kaum nennenswert. Es scheint dies fast weniger finanzwirtschaftlich begründet zu sein, als vielmehr eine Folge des internationalen Einflusses, dem die Reichsbahn nach dem Dawesplan unterliegt. Zumal der Engländer hat aus bekannten Gründen an einer der oberschlesischen Industrie ungünstigen Frachtsatzpolitik großes Interesse. Gegenüber der Ruhrindustrie mit dem ausgedehnten Wasserstraßenverkehr hat sich im Verhältnis zur Vorkriegszeit die tarifliche Lage Oberschlesiens noch weiter verschlechtert. Unter diesen Umständen ist, schon um die Eisenbahn zu einer Revision ihrer Tarife zu veranlassen, um so nachdrücklicher darauf zu dringen, daß der Oderstrom, auf den gegenwärtig nur ein sehr geringer Prozentsatz des Gesamttransports von Oberschlesien entfällt, zu einer, abgesehen von den Eistagen, das ganze Jahr hindurch fahrbaren Wasserstraße ausgebaut wird. Die Bedeutung der Oder für unsere oberschlesische Industrie ist dadurch gestiegen, daß in Zukunft noch mehr als früher Erze aus dem Auslande, besonders aus Schweden, eingeführt werden müssen, nachdem Deutschland sein Haupterzgebiet verloren hat. Auch für die Zinkindustrie Oberschlesiens wird die Frage des Erzbezuges früher oder später von großer praktischer Bedeutung [1]). Gegenüber der Eisenbahn wird die Oder dazu berufen sein, den Massenverkehr, bei dem es auf schnelle

---

[1]) In etwa drei Dezennien dürfte der Vorrat an Zinkerzen in Oberschlesien erschöpft sein. Schon bisher wurden zur Streckung der eigenen Vorräte nicht geringe Mengen ausländischer Zinkerze vom Ausland bezogen. (1912 92 000 t und 1924 in Ostoberschlesien 50 000 t.)

Beförderung nicht so sehr ankommt, zu bewältigen. Nicht nur auf Oberschlesien, das so mit den übrigen schlesischen Industriezentren in näheren Zusammenhang gebracht wird, auf das Wirtschaftsleben des ganzen deutschen Ostens kann eine Ausgestaltung der Oder zum wirklichen Großschiffahrtswege nur belebend wirken. Im innerdeutschen Frachtgeschäft wie im internationalen Transitverkehr — man braucht nur an den Durchgangshandel nach Südost-Europa und dem Orient (Oder-Donaukanal) zu denken — könnte die Oder eine wichtige Stellung einnehmen. Dieses Ziel ist nur zu erreichen, wenn die Wasserverhältnisse einen regelmäßigen Schiffsverkehr und die volle Ausnutzung der Ladefähigkeit gestatten, was eine wesentliche Voraussetzung für billige Tarife bildet. Wie weit wir davon entfernt sind, geht daraus hervor, daß die Wassertiefe der Oder an durchschnittlich etwa je 100 Tagen im Jahr nur halbe und geringere Ladung der Fahrzeuge gestattet, wenn nicht gar jeglichen Verkehr unmöglich macht. Bereits im Mai ist die Oder oft derart versommert, daß selbst stark geleichterte Kähne von nur 50 cm Tiefgang nicht verkehren können.

Dieser unregelmäßige Wasserstand hat seinen Grund in dem Umstand, daß es an größeren Tieflandsnebenflüssen mangelt. Man hat die Oder als Steppenfluß bezeichnet. Im Frühjahr und Spätsommer werden von den Sudeten her die zu dieser Zeit reichen Niederschläge in kurzen Nebenflüssen der Oder unmittelbar zugeführt. So entstehen die großen Schwankungen im Wasserstande, die einen geregelten Schiffsverkehr unmöglich machen.

Die Bestrebungen, den Oderstrom, auf dem schon unter Heinrich I. die Schiffahrt eine hoffnungsvolle Entwicklung begonnen hatte, durch Strombauten fahrbarer zu machen, gehen in das 14. Jahrhundert zurück [1]). Damals machte der Breslauer Handel mit wenig Erfolg die ersten Versuche. Ferdinand I., dem der große Gedanke vorschwebte, Breslau zum nordischen

---

[1]) Partsch, Schlesische Landeskunde, S. 181 ff., und W. Tietze, Die Oderschiffahrt, S. 14 f. Breslau 1906.

Hafen der habsburgischen Lande zu machen, die Oder mit der Spree zu verbinden und damit seinem Reich den Weg zu den Küsten Norddeutschlands zu bahnen, brachte keine wesentliche Abhilfe. Schließlich veranlaßten verheerende Hochwasserkatastrophen Friedrich den Großen, Maßnahmen gegen die Verwilderung des Stromes zu treffen und der dringendsten Not zu steuern. Die durchgreifenden Regulierungsarbeiten, zu denen man sich um die Mitte des 19. Jahrhunderts entschloß, wurden durch die Eisenbahnbauten jedoch wieder zurückgedrängt. Tatkräftig hat sich erst die im Jahre 1874 gegründete Oderstrombauverwaltung in Breslau dem Ausbau der Wasserstraßen gewidmet. Nach der Regulierung der Strecke Breslau—Schwedt und dem Bau des Oder-Spreekanals wurden (1888) die Kosten für die Anlage des Oderumschlaghafens Kosel, die Kanalisierung des Stromes von Kosel bis zur Neißemündung und andre Verbesserungsarbeiten bewilligt. Für den Ausbau der Strecke Kosel—Breslau wurden 1905 die Mittel zur Verfügung gestellt. Dadurch wurde die Oder bis zur Neißemündung für 600-Tonnen-Kähne, bis Kosel für etwa 450-Tonnen-Kähne fahrbar gemacht. Keine Verwirklichung hat jedoch das Gesetz vom 5. Mai 1913 über die Verbesserung der Oderwasserstraße unterhalb Breslaus und die Anlage eines Staubeckens an der Glatzer Neiße bei Ottmachau gefunden. Infolge des Krieges sind die Bauten nur zum kleinen Teil zur Ausführung gekommen. In dem Staubecken von Ottmachau sollten 118 Millionen cbm Wasser gestaut werden, was dazu ausreichen würde, den Wasserbestand der Oder in der wasserarmen Zeit nicht unter 1,40 m sinken zu lassen [1]). Im Juli 1920 wurde die Bewilligung von 1913 für eine Vergrößerung des Beckens auf 250 Millionen cbm erweitert. Dadurch ließe sich die niedrigste Wassertiefe auf 1,70 m steigern, wodurch die mißlichen Verkehrsverhältnisse auf dem Strom eine wesentliche Besserung erfahren würden. Die allgemeinen Regulierungsarbeiten sind zwar in großem

[1]) Sympher, Die zukünftige Entwicklung der deutschen Wasserwirtschaft, Berlin 1918.

Umfang im Jahre 1924 aufgenommen worden. Die Durchführung des Ottmachau-Projekts ist bisher an der Finanzierungsfrage gescheitert. Das Landwirtschaftsministerium, das lange Zeit gegen das Projekt Widerspruch erhoben hat, hat inzwischen seine ablehnende Stellungnahme aufgegeben.

Dazu kommt eine weitere Aufgabe. Da der Koseler Oderhafen etwa 70 km vom Industriebezirk entfernt ist und der Klodnitzkanal in seinem gegenwärtigen Ausmaß für den Verkehr fast gar nicht in Betracht kommt, müssen die Frachten den Weg nach der Oder mit der Eisenbahn zurücklegen, weshalb ein Ausbau des Klodnitzkanals notwendig ist. Durch einen Ausbau des Kanals für 1000-Tonnen-Kähne ließe sich der Wasserweg zu einem wichtigen Verkehrsfaktor ausgestalten und dadurch das oberschlesische Verkehrsproblem seiner Lösung um ein beträchtliches näherbringen.

Völlig lösen läßt sich das Problem aber nicht durch verkehrspolitische Maßnahmen allein. Abgesehen davon, daß in allernächster Zeit für die durchgreifenden Regulierungsarbeiten die Mittel kaum aufzubringen sind, werden auch nach einem Ausbau der Wasserstraße die übrigen großen deutschen Industriegebiete Oberschlesien gegenüber eine Vorzugsstellung einnehmen.

Der Nachteil der Marktferne kann jedoch noch durch ein andres Mittel weniger fühlbar gemacht werden.

Es ist eine bekannte Tatsache, daß der Transportkostenanteil am Marktpreis eines Erzeugnisses um so geringer ist, je weiter verarbeitet und verfeinert es ist, je größer also der Kraftstoff- und Arbeits-Kostenanteil ist. Dies hat für die oberschlesische Industrie eine ganz besondere Bedeutung, da sie in wirkungsvoller Weise der Ungunst der geographischen Lage begegnen kann, wenn sie das Hauptgewicht auf die Produktion hochwertiger Spezial- und Verfeinerungsartikel legt, bei deren Marktpreis die Transportkosten keine so entscheidende Rolle spielen wie bei Rohprodukten und gewöhnlicher Handelsware.

Die Geschichte der oberschlesischen Industrie bietet uns Beispiele dafür, daß die Unternehmungen, die die Wurzel des

Übels richtig erkannt und auf weitgehende Verfeinerung und Spezialisation, „die Beschränkung der Erzeugung auf wenige Arten, Formen, Größen, Qualitäten einer Warengattung“ [1]) Gewicht gelegt haben, über Absatzsorgen nicht zu klagen brauchten.

So hat die Ferrum-A.-G., deren Werksanlagen eine Stahlgießerei, Kleineisenzeugfabrik, Apparatebauanstalt und ein Wassergasschweißwerk umfassen, sich einer besonderen Aufgabe zugewandt und stellt vor allem gewaltige Rohrstränge aus schmiedeeisern geschweißten Röhren größten Durchmessers her, die Städte und Dörfer unterirdisch durchziehen. Eine besondere Spezialität ist die Fabrikation von Röhren, die das Wasser hochgelegener Gebirgsseen und steilabfallender Flüsse aufnehmen und den im Tal aufgestellten Turbinen zuführen, wo die sonst ungenutzten Energiemengen zur Erzeugung elektrischer Kraft verwendet werden. Wegen des hohen Flüssigkeitsdrucks war es lange Zeit unmöglich, größere Gefällshöhen zu überwinden, bis sich das Ferrumwerk in den Dienst der weißen Kohle gestellt und Rohrleitungen gebaut hat, die einem Druck von über 100 Atmosphären bequem Widerstand leisten. Heute sind die Ferrumrohrleitungen in allen Erdteilen anzutreffen. Durch Herstellung dieses gesuchten Spezialprodukts hat das Unternehmen es verstanden, jede Entfernung zu überwinden [2]) [3]).

Einen weiteren Beleg dafür, daß durch die Produktion von nur hochwertigen Qualitätsartikeln der Transportnot wirksam

---

[1]) E. Schwiedland, Der Wettkampf der gewerblichen Betriebsformen. Grundriß der Sozialökonomik, Band VI, S. 209.

[2]) Vgl. Jubiläumsschrift der Oberbedarf-A.-G., deren Tochtergesellschaft die Ferrum-A.-G. ist (Deutsche Industrie, deutsche Kultur, Nr. 12, Berlin).

[3]) „Gelingt es gar, die Qualität eines Erzeugnisses so zu steigern, daß sie anderswo nicht erreicht wird, so gewinnen die Fabrikate eine gewisse künstliche Monopolstellung, die die Transportkosten des Absatzes bisweilen bis zur völligen Bedeutungslosigkeit herabzudrücken vermag.“ Schumacher, Schmollers Jahrbuch für Gesetzgeb., Verw. und Volkw. 34. Jahrgang, 2. Heft, S. 14, Berlin 1910.

begegnet und die wirtschaftliche Lage des Unternehmens im günstigen Sinne beeinflußt werden kann, bietet die Borsigwerk-A.-G. In der Schweißeisenerzeugung und später in der Flußeisenerzeugung wußte sich das Borsigwerk einen so guten Ruf zu erwerben, daß seine Erzeugnisse „von Händlern und Fabrikanten mit Vorteil gesucht und zu höherem Preise als andre Marken bezahlt wurden" [1]). Dank seiner Einstellung auf die Erzeugung von Qualitätsmaterial (für die Eisenbahn, Marine, Schiffsklassifikationsgesellschaften, Dampfkesselrevisionsvereine) konnte die Unternehmung, ohne Schaden zu nehmen, den Schwerpunkt der Produktion vom ursprünglichen Standort im Herzen Deutschlands (Moabit) nach Oberschlesien verlegen.

Die Tatsache, daß Verfeinerung und Spezialisation die Rentabilität des Unternehmens in günstigem Sinne beeinflussen, bestätigt ferner die Entwicklung der Bismarckhütte, A.-G. Als reines Stahlwerk gegründet, auf fremde Kohle und fremdes Roheisen angewiesen, widmete sich das Hüttenwerk der Herstellung von Spezialitäten hochwertigem Spezialstahl und verfeinerten Handelsartikeln, wofür es stets, selbst nach entfernteren Gegenden, Absatz fand. Die wirtschaftliche Lage des Unternehmens war daher immer sehr günstig, und es wurde in den Krisenzeiten weniger als andre Werke betroffen, so daß es lange Zeit die höchsten Dividenden im ganzen Bezirk ausschütten konnte [2]).

---

[1]) Jubiläumsschrift 1903.

[2]) Da eine Reihe von Faktoren betriebswirtschaftlicher Art (Abschreibungs- und Reservepolitik der Unternehmung u. a.) die Dividendenhöhe beeinflußt, bietet diese keinen völlig einwandfreien Gradmesser für die Rentabilität der Unternehmung. Immerhin gewährt sie uns in normalen Zeitläuften einen gewissen Anhalt. Die Dividende der Bismarckhütte A.-G. betrug im Durchschnitt der Jahre 1900–02 15,3 Proz., 1903–05 15,6 Proz., 1906–08 21,6 Proz., 1909–11 5,3 Proz. In derselben Zeit zahlten die damals weniger auf Verfeinerung eingestellten Unternehmungen: „Oberbedarf" 3,5 Proz., 7,2 Proz., 6,4 Proz. und die Oberschlesische Eisenindustrie-A.-G. 4 Proz., 3,3 Proz., 4,3 Proz., 0 Proz.

Erst als es Ende 1905 sich das veraltete Bethlen-Falvawerk angliederte, um sich in der Roheisenversorgung selbständig zu machen, wurden die Gewinne, die die bisherigen Verfeinerungsbetriebe weiterhin einbrachten, durch Um- und Neubauten im Bethlen-Falvawerk aufgezehrt.

Weiterhin muß es zu denken geben, daß bei dem allgemeinen Ausfuhrausfall der oberschlesischen Eisenindustrie [1]) unter der Wirkung des Zollkriegs im Januar bis April 1926 gegenüber derselben Zeit im Vorjahr im Röhrenexport eine Zunahme von 4500 Tonnen auf 5600 Tonnen, bei Emailleblechgefäßen von 64 000 Tonnen auf 232 000 Tonnen zu verzeichnen ist.

Schon in den letzten Vorkriegsjahren war allgemein eine Umstellung der oberschlesischen Großeisenindustrie nach der Seite der Spezialisation und Verfeinerung bemerkbar. Ganz besonders ist diese Wandlung nach der Teilung Oberschlesiens in den westoberschlesischen Werken wahrzunehmen. In dem vorhergehenden Abschnitt kam bereits zum Ausdruck, daß gerade in den uns verbliebenen Werksanlagen die Verfeinerung eine besondere Rolle spielt und die Roheisen- und Rohstahlproduktion nur als Grundlage für die Weiterverarbeitungsbetriebe zu betrachten ist [2]). In Zukunft soll diese Einstellung in der Produktion noch mehr betont werden. Die Oberschlesische Eisenindustrie-A.-G. wendete in den Gleiwitzer Drahtwerken der Drahtseilerei und Kettenfabrikation, die Oberbedarfs-A.-G. in den Gleiwitzer Stahlwerken einer Ausdehnung der Verfeinerungsbetriebe besondere Aufmerksamkeit zu. Im Borsigwerk wird auf die Fabrikation nahtloser, ohne Querschweifung gewalzter Ketten Gewicht gelegt. Die Donnersmarckhütte, A.-G., will den Maschinenbau vervollkommnen. Das einheitliche Produktionsprogramm der Vereinigten Oberschl. Hüttenwerke A.-G. wird unter dem Gesichtspunkt Verfeinerung und Spezialisation aufgestellt werden müssen. Auch die staatlichen Hütten in

[1]) Vgl. Anm. 1, Seite 40 der Arbeit.

[2]) Die westoberschlesischen Werke sind mit etwa 50 Proz. an der Produktion der Verfeinerungsindustrie Gesamtoberschlesiens beteiligt.

Gleiwitz und Malapane erstreben einen Ausbau der Verfeinerungsanlagen.

Zudem trat nach der Teilung immer deutlicher das Bestreben der oberschlesischen Industrie zutage, sich auf dem Markte vermittelst der Unternehmungskonzentration eine gesicherte Stellung zu verschaffen. Die Zusammenschlußbewegung innerhalb des Reviers und über dieses hinaus in ganz Schlesien war und ist in erster Linie von dem Gedanken geleitet, nach der Zerreißung der Betriebe die Rohstoffversorgung zu sichern, durch produktionstechnische Ergänzung und rationelle Arbeitsweise die Selbstkosten auf ein Minimum zu beschränken und durch straffe Organisation die Marktstellung zu festigen. Marktwirtschaftliche Gründe haben ferner die westoberschlesische Großindustrie veranlaßt, in engere Verbindung mit der innerdeutschen Industrie zu treten, insbesondere eine Vereinheitlichung der schlesischen Industrie anzubahnen. Die Interessenverbindung der Oberschlesischen Eisenindustrie-A.-G. mit Linke-Hofmann-Lauchhammer, und schließlich die jüngst erfolgte enge Verbindung der bedeutendsten oberschlesischen Industrieunternehmen mit diesem Konzern, weiterhin der Anschluß an die im Reich bestehenden Verbände und damit teilweise der Anschluß an internationale Syndizierungen für Röhren, Formeisen, Draht u. a. sind für die Konzentrationsbewegung und das Streben nach Marktbeherrschung überaus bedeutsame Beispiele. Auf Grund friedlicher Verständigung mit Werken gleicher Interessen wird eine für alle Beteiligten vorteilhafte Arbeitsteilung möglich und der Markt unter Ausschaltung der Konkurrenz besser beherrscht. Es ist bemerkenswert, daß die westoberschlesische Industrie im Unterschied zur ostoberschlesischen ihren deutschen Charakter gewahrt und sich mit Erfolg dagegen gewehrt hat, das Ausland irgendwelchen Einfluß gewinnen zu lassen.

Im Ergebnis dieser Betrachtungen können wir feststellen, daß die deutsch-oberschlesische Großindustrie an ihrem angestammten Standort — allerdings unter bestimmten Voraussetzungen, die darum Lebensnotwendigkeiten sind und als solche gewertet werden müssen — durchaus lebensfähig ist.

Gegenwärtig teilt unsere oberschlesische Industrie die Nöte der gesamten deutschen Wirtschaft und leidet unter der übermäßigen Verteuerung der Produktionskosten. Neben den vom Staat der gesamten deutschen Industrie aufgebürdeten steuerlichen und sozialen Lasten erschwert ihr die Tarifpolitik der Reichsbahn einen erfolgreichen Wettbewerb auf dem Inlands- und Weltmarkt.

Doch abgesehen von den gegenwärtigen anormalen Verhältnissen sind die Entwicklungsaussichten der westoberschlesischen Industrie keineswegs unsicher. Auf dem Weltmarkt kann sie mit hochwertigen Verfeinerungs- und Spezialerzeugnissen ihre besonders in den nordischen Staaten nicht unbedeutende Stellung, die ihr die englische Konkurrenz infolge der unglücklichen Wirtschaftslage Deutschlands streitig machen konnte, zumal nach einer Lösung des Verkehrsproblems wieder erlangen, und auf dem Inlandsmarkt werden sich ihr auch die bisher von ostoberschlesischen Werken versorgten Verbraucher nach Überwindung der gegenwärtigen Krise in größerer Zahl zuwenden. Sie selbst ist bereits mit ehrlichem Willen darangegangen, durch produktions- und absatzpolitische Maßnahmen ihre ungünstige Marktstellung zu bessern. Unermüdlich wird sie darauf darauf bedacht sein müssen, durch rationelle Betriebsführung, durch weitgehende Rationalisierung der Produktions- und Absatzwirtschaft wie der kaufmännischen Verwaltung, die Summanden der Kostengleichung auf ein Minimum herabzusetzen [1]). Der Staat darf sich nun auch nicht länger dem Rufe nach Ausbau der Oder und Klodnitz zu einem brauchbaren Großschiffahrtswege verschließen, und die zuständigen Stellen sollten unbedingt die Reichsbahn zur Gewährung von Ausnahmetarifen

---

[1]) Es sei hier etwa verwiesen auf die Schrift von Rummel: Erhöhung der Wirtschaftlichkeit in den technischen Betrieben der Großeisenindustrie. Sonderheft der Fachausschüsse deutscher Eisenhüttenleute. Verlag Stahleisen, Düsseldorf 1926. Ferner auf Zeitschriften wie „Betriebswirtschaftliche Rundschau". Herausgegeben von Heber, Frankfurt a. M.

veranlassen, die der wirtschaftsgeographischen Lage mehr Rechnung tragen [1]).

Anders steht es um die polnisch-oberschlesische Industrie. Sie befindet sich in einer verzweifelten Lage, in einer Krise, die jedoch anders wie die der westoberschlesischen Industrie zu beurteilen ist, da der innere Grund viel tiefer liegt: in der Unteilbarkeit Oberschlesiens, in der Zugehörigkeit ganz Oberschlesiens zum deutschen Wirtschaftskörper. Ihre Zukunft war allein beim deutschen Wirtschaftsorganismus gesichert. Mit der politischen Trennung Ostoberschlesiens vom Deutschen Reich ist für sie das Verkehrsproblem zur Lebensfrage geworden, da Deutschland um so weniger Ursache hat, der ostoberschlesischen Eisen- und Kohlenindustrie das natürliche deutsche Absatzgebiet auch weiterhin einzuräumen, als die polnische Wirtschaftspolitik darauf ausgeht, Ostoberschlesien nach Möglichkeit vom deutschen Westen zu lösen, ohne allerdings den Weg zum Weltmarkt durch Schaffung von raumüberwindenden Verkehrswegen zu bahnen. In Innerpolen ist die heimische Industrie ernstlich bedroht. Auch nach dem Süden ist der Weg nicht frei. Die deutsche und vor allem auch die auflebende tschechische Exportindustrie sehen hier ihr natürliches Absatzgebiet und sind ernste Konkurrenten.

---

[1]) Über die im Vergleich mit den übrigen deutschen Revieren ungünstigere Stellung Oberschlesiens unterrichtet ein Aufsatz von Schaffrath, in der „Oberschlesischen Wirtschaft“ 1926, S. 282.

7. Abschnitt

Der westoberschlesische Kohlenbergbau, insbesondere das Problem der Produktionssteigerung und Arbeitsleistung

Der Produktionsrückgang und seine Ursachen

Immer wieder wird darauf hingewiesen, daß die Steigerung der Kohlenproduktion bei möglichster Beschränkung der Gestehungskosten unbedingt notwendig und vor allen andern Mitteln dazu geeignet ist, der schweren Wirtschaftskrise zu begegnen. Das Problem ist auch hier Erzielung des größten Arbeitserfolges durch zweckentsprechende Anspannung der Komponenten, von denen der Erfolg abhängt. Die rein betriebswirtschaftliche Seite der Frage Produktionssteigerung und Produktionsverbilligung und ihrer Wechselwirkung kann hier nur mittelbar interessieren. Hier ist das wichtige Problem unter allgemein wirtschaftlichen Gesichtspunkten zu erörtern.

Da Westoberschlesien nach der Teilung in großen Mengen Kohle aus Ostoberschlesien einführen mußte, teils zum Selbstverbrauch, teils um sie nach dem Reiche weiterzuleiten, mußte es danach streben, die Versorgung der Provinz Oberschlesien allein zu bestreiten und dem Reiche größere Mengen als bisher von der eignen Produktion abzugeben, um dadurch die Einfuhr ostoberschlesischer Kohle nach Möglichkeit zu verringern.

Überraschend schnell ist Oberschlesien diese Aufgabe gelungen. Als mit Ausbruch des polnischen Zollkrieges die ostoberschlesische Kohle vom deutschen Markt verschwand, war es bereits in der Lage, den Bedarf allein zu befriedigen. In den Jahren 1923—1925 gelang Westoberschlesien eine Steigerung der Produktion um 64 Proz. und eine Absatzsteigerung von 3,5 auf 4,2 Millionen Tonnen innerhalb der Provinz, von 4,3 auf 8,7 Millionen Tonnen nach dem übrigen Deutschland. Die Förderleistung des Arbeiters der Gesamtbelegschaft, die in den Jahren 1921 und 1922 nur wenig mehr als die Hälfte der Vorkriegsleistung darstellte, ist inzwischen über die Vorkriegshöhe hinausgewachsen. —

Es ist für das Verständnis des Verhältnisses von Produktionssteigerung, Arbeitszeit und Arbeitsleistung von Wichtigkeit, die Bewegung der Förderanteilsziffer in den letzten Jahren näher zu untersuchen.

Das Sinken der Förderleistung in Gesamt-Oberschlesien in den Jahren 1913 bis 1921.

Förderanteil eines Arbeiters					
Jahr	der Gesamt-Belegschaft	unter Tage	Jahr	der Gesamt-Belegschaft	unter Tage
1913	355,1 t	522,7 t	1918	266,3 t	411,2 t
1914	310,5 t	464,5 t	1919	176,2 t	289,2 t
1915	332,0 t	488,3 t	1920	189,5 t	295,2 t
1916	311,7 t	476,4 t	1921	188,0 t	291,9 t
1917	291,6 t	451,1 t			

An die Förderanteilsziffern, die sich als Quotient der Produktions- und Arbeiterzahl ergeben, bestimmte Folgerungen zu knüpfen, ist an sich recht schwer. Der bergbauliche Arbeitsvorgang ist kein physikalischer oder chemisch-technischer Prozeß und läßt sich daher nicht in mathematisch exakter Weise vollkommen erforschen[1]). Das Sinken der bergbaulichen Arbeitsleistung kann eine Folge verkürzter Arbeitszeit, geminderter Arbeitskraft oder Arbeitslust sein. Es kann aber auch durch die Ungunst der Lagerungsverhältnisse in den einzelnen Bergrevieren und Betrieben und innerhalb derselben an den Abbauorten bedingt sein, da die in solchen Fällen notwendige starke Belegung der sogenannten unproduktiven Arbeiten, die wiederum durch Mangel an betrieblichen Einrichtungen erschwert sein können, mindernd auf das Arbeitsergebnis, wie es

---

[1]) Vgl. Zeitschrift für das Berg-, Hütten- und Salinenwesen 1923, Bd. 71, 3. Abhandlungsheft: Rother, Die Faktoren der bergbaulichen Arbeitsleistung.

in dem Förderanteil des einzelnen Arbeiters zum Ausdruck kommt, einwirken. Hinsichtlich des letzteren Umstandes ist bekannt, daß die geologischen und tektonischen Verhältnisse des oberschlesischen Steinkohlengebirges eine gleichmäßige Arbeit ermöglichen und Verwerfungen von Kohenflözen und Wasserzuflüsse nur hier und da dem Bergmann zu schaffen machen. Zudem sind die betriebstechnischen Einrichtungen, die während des Krieges vernachlässigt werden mußten, längst wieder verbessert und entsprechen allen neuzeitlichen Anforderungen, so daß die natürlichen und betrieblichen Bedingungen erst zuletzt für das Sinken der Leistung verantwortlich zu machen sind.

Wenn es gelingt, die inneren Ursachen des Sinkens der bergbaulichen Arbeitsleistung möglichst zweifelsfrei festzustellen, ist damit zugleich der Weg zur Abstellung von Mängeln und Vermeidung von Fehlern gewiesen.

Das Sinken der Förderleistung im Jahre 1914 hat seinen Grund in dem Ausbruch des Krieges, wodurch mannigfache Störungen verursacht wurden. Das Jahr 1915 zeigt wieder eine starke Anspannung der Förderleistung, und bis 1917 hielt sie sich auf ansehnlicher Höhe. Dies muß besonders hervorgehoben werden. Wenn auch während des Krieges die unproduktiven Gesteinsarbeiten vermieden wurden, so beeinflußten die immer schwieriger werdenden Ernährungsverhältnisse der Arbeiter, die vermehrte Beschäftigung jugendlicher und weiblicher Hilfskräfte, besonders aber der Kriegsgefangenen, der allgemeine Mangel an vollwertigem Betriebsmaterial u. a. m. die Förderung in ungünstigem Sinne.

Man geht nicht fehl, wenn man die beachtenswerte Höhe der Förderziffern in der Kriegszeit auf den Arbeitseifer des oberschlesischen Bergarbeiters zurückführt. Gerade die Kriegsjahre sind ein Beispiel dafür, was das psychologische Moment, der Leistungswille, für den Leistungserfolg bedeutet.

Bei Kriegsende setzte sodann der jähe Rückgang der Förderziffern ein.

In Ergänzung der angeführten Zahlen soll durch einen Vergleich der weitgehend zergliederten statistischen Nachweisungen über die Arbeitsleistungen im oberschlesischen Revier und Oberbergamtsbezirk Dortmund und unter Hinzuziehung von Tatsachenmaterial versucht werden, die wichtigsten inneren Ursachen des Leistungsrückganges in ihrer Wirkungsgröße zu erfassen.

Arbeitsleistung eines „Vollarbeiters" der Gesamtbelegschaft

Jahr	Zahl der Arbeiter	Zunahme seit 1913 absolut	Zunahme seit 1913 in Proz.	Förder-Anteil pro Kopf und Jahr	Förder-Anteil pro Kopf und Schicht	Förder-Anteil in Proz. von 1913
			Oberschlesien:			
1913	121 093	—	100	358	1,149	100,0
1920	163 091	41 998	135	194	0,635	55,3
1921	157 089	35 996	130	189	0,589	51,2
			Oberbergamtsbezirk Dortmund:			
1913	361 629	—	100	306	0,936	100,0
1920	410 771	49 142	114	207	0,631	67,5
1921	451 916	90 287	125	201	0,627	67,3

Förderanteil eines Häuers

Jahr	Zahl der Arbeiter	Gegen 1913 mehr od. weniger	Proz. Anteil a. d. Gesamt-Belegsch.	Förder-Anteil pro Kopf und Jahr	Förder-Anteil pro Kopf und Schicht	Förder-Anteil in Proz. von 1913
			Oberschlesien:			
1913	18 315	—	15,0	2 372	8,295	100,0
1920	18 871	+ 556	11,5	1 697	5,668	68,3
1921	21 688	+ 3 373	13,75	1 367	4,424	53,3
			Oberbergamtsbezirk Dortmund:			
1913	184 670	—	51,5	600	1,862	100,0
1920	174 394	— 10 276	42,5	487	1,500	80,5
1921	184 001	— 669	40,75	495	1,566	84,1

Förderanteil eines „Vollarbeiters" der Untertage-Belegschaft[1])

Jahr	Zahl der Arbeiter	Gegen 1913 mehr od. weniger	Proz. Anteil a. d. Gesamt-Belegsch.	Förder-Anteil pro Kopf und Jahr	Förder-Anteil pro Kopf und Schicht	Förder-Anteil in Proz. von 1913
			Oberschlesien:			
1913	81 643	—	67,4	532	1,712	100,0
1920	105 096	+ 23 453	64,4	302	0,987	57,6
1921	101 491	+ 19 848	64,6	292	0,908	53,0
			Oberbergamtsbezirk Dortmund:			
1913	290 546	—	80,3	381	1,183	100,0
1920	311 058	+ 20 510	75,7	273	0,831	70,2
1921	354 163	+ 63 615	78,3	257	0,808	68,5

Besonders auffällig ist die Erscheinung, daß der Förderanteil des Häuers, also des gelernten und erfahrenen Bergarbeiters, im oberschlesischen Revier denselben Ausfall aufweist wie die Leistungsziffer des Unter-Tage-Arbeiters überhaupt, während im Dortmunder Bezirk der Abstand sichtlich gewahrt ist. Ein Rückschluß daraus auf ein Nachlassen der Arbeitsintensität des einzelnen Häuers ist jedoch auf Grund des Zahlenmaterials nicht möglich, weil die Statistik nicht darüber Auskunft geben kann, inwieweit die übrigen Arbeiter den Förderanteil des Häuers dadurch herabgedrückt haben, daß sie die von den Häuern zu Fall gebrachten Kohlen nur lässig weiterbeförderten.

Die Häuerleistung ist jedenfalls für einen Vergleich nicht recht geeignet, und es erscheint ratsamer, auf die Förderziffer des „unter Tage beschäftigten Arbeiters" zurückzugreifen.

Dessen Schichtleistung ist auf annähend die Hälfte der Leistung in der Vorkriegszeit gesunken, und ein Vergleich mit den entsprechenden Zahlen, die das Dortmunder Revier ausweist, lehrt, daß der Ausfall in Oberschlesien weit erheblicher

[1]) Nach den statistischen Nachweisungen in der Zeitschrift für das Berg-, Hütten- und Salinenwesen, Jahrgang 1922.

ist, da sich dort nach Verkürzung der produktiven Arbeitszeit um ein Viertel der Förderanteil des einzelnen Arbeiters nur um ein Drittel vermindert hat.

Wie unverhältnismäßig tief die Arbeitsleistung des oberschlesischen Bergmanns gesunken war, erkennt man auch aus der folgenden Gegenüberstellung:

Verglichen mit der Förderquote eines Arbeiters der entsprechenden Arbeitergruppe im Oberbergamtsbezirk Dortmund betrug, prozentual ausgedrückt, in Oberschlesien die

	Leistung eines Häuers	Leistung eines Arbeiters unter Tage	Leistung der Gesamt-Belegschaft
im Jahre 1913	445 Proz.	145 Proz.	122 Proz.
im Jahre 1921	285 Proz.	113 Proz.	94 Proz.
Das Jahr 1921 verzeichnet also einen Rückgang um	150 Proz.	32 Proz.	28 Proz.

Wenn man auf die Gründe für das Sinken der Arbeitsleistung eingeht, ist zunächst die Verkürzung der Arbeitszeit ins Feld zu führen. Am 1. Dezember 1918 wurde im oberschlesischen Bergbau der Achtstundentag allgemein eingeführt, und nachdem im Laufe des Jahres 1919 für die unter Tage beschäftigten Arbeiter die Schichtzeit auf $7^1/_2$ Stunden herabgesetzt worden war, wurde im Jahre 1920 die Arbeitszeit in diesem Sinne tarifarisch geregelt.

Unter dem Einfluß dieser Veränderungen betrug im oberschlesischen Steinkohlenbergbau die Arbeitszeit der gesamten Belegschaft im Jahre

1921[1])	und vergleichsweise im Jahre 1913
bis 6 Std. für 0,2 Proz. aller Arbeiter	—
„ 7 „ „ 0,6 „ „ „	—
„ $7^1/_2$ „ „ 84,3 „ „ „	—
„ 8 „ „ 14,9 „ „ „	bis 8 Std. für 22 Proz. aller Arbeiter
—	„ 10 „ „ 69,7 „ „ „
—	„ 11 „ „ 8,2 „ „ „
—	„ 12 „ „ 0,1 „ „ „

[1]) Nach der Zeitschrift für das Berg-, Hütten- und Salinenwesen im preußischen Staate, 1922.

Hierbei ist zu beachten, daß seit 1919 und 1920 die Schachtein- und -ausfahrt in die Arbeitszeit eingerechnet wird. Bei dem „Kampfe um die Seilfahrt“ handelte es sich nicht um die nur wenige Minuten dauernde Fahrt im Förderschacht, als vielmehr um den Weg zu und von der unterirdischen Arbeitsstätte, d. h. um die Anrechnung der Anmarschzeit zur Werkszeit. Durch ein Gesetz vom 17. Juli 1922 wurde ausdrücklich festgelegt, daß die Zeit vom Betreten des Förderkorbes bei der Einfahrt bis zu dessen Verlassen bei der Ausfahrt als Schichtzeit gilt. Da nach der Lage der Arbeitsorte eine halbe Stunde und mehr vergeht, bis der Arbeiter vor Ort gelangt, und ebensoviel, um nach der Arbeit wieder über Tage erscheinen zu können, und da es außerdem eine geraume Zeit dauert, bis mit der eigentlichen Kohlengewinnung begonnen werden kann, blieben für produktive Arbeit nur 6—6½ Stunden gegen 7½—9½ Stunden vor der Neuregelung der Arbeitszeit übrig, ein Zustand, der sich wirtschaftlich verhängnisvoll und auf die Dauer als untragbar erwies.

Abgesehen davon, daß bei der Kurzarbeit der einzelne Arbeiter selbst unter der Voraussetzung einer erhöhten Arbeitsintensität kaum den früheren Leistungserfolg erzielen kann, muß insbesondere aus betriebstechnischen Gründen auch der Versuch, den Förderausfall durch eine Erhöhung der Gesamtbelegschaft auszugleichen, erfolglos bleiben.

Vor der Anlage eines Bergwerks wird die mögliche Höhe der erwarteten Kohlenproduktion, die Solleistung des Betriebes, unter Berücksichtigung der drei Hauptfaktoren: verfügbares Kapital, anstehende Kohlen und normale Arbeitsverfassung berechnet. Dementsprechend werden die technischen Einrichtungen angelegt. Wenn nun von der Fördermaschine nach Erhöhung der Belegschaft dieselben Kohlenmengen in 6½ Stunden gefördert werden sollen, die früher auf 9½ Stunden verteilt waren, ist dies nur durch eine Überstürzung der Förderung zu erreichen, wodurch die Sicherheit des ganzen Betriebes gefährdet wird. Tatsächlich findet eine Anhäufung der Förderung auf die zweite Schichthälfte und damit eine ungleichmäßige Belastung der technischen Anlagen statt; denn die ersten Schichtstunden sind regelmäßig mit Vorarbeiten ausgefüllt, so daß erst nach geraumer Zeit Kohlen in größeren Mengen zu Fall gebracht werden und zur Förderung gelangen. Wenn eine Störung im Betrieb eintritt, macht sie sich bei der Kürze der Arbeitszeit um so unliebsamer bemerkbar, als die entgangene Förderung nicht mehr eingeholt werden kann. Auch die ungleichmäßige Beanspruchung der Betriebe, die der Druckluft-erzeugung dienen, führt zu Störungen, worunter Bohrhämmer, Schüttelrutschen, Ventilatoren und andre Betriebseinrichtungen zu leiden haben[1]).

Kurzarbeit bedeutet insbesondere im kapitalintensiven Bergbau Störung des harmonischen Betriebsaufbaus, und der anormale Beschäftigungsgrad erhöht die Posten in der Selbstkostenrechnung.

Von diesen nachteiligen Auswirkungen der Kurzarbeit auf den Arbeitserfolg wurde Oberschlesien in gleicher Weise wie das Ruhrrevier betroffen. Und doch zeigt der Förderanteil des oberschlesischen Arbeiters ein um 15 Proz. tieferes Sinken. Mit Sicherheit kann man dies dem Mangel an Arbeitswilligkeit zuschreiben. Immer wieder wurde darüber geklagt, daß die Arbeitszeit nicht voll zur produktiven Tätigkeit ausgenutzt werde. Oft kam es vor, daß Füller und Förderleute ihre Arbeitsstellen verließen und so eigenmächtig die kurze Arbeitszeit noch verkürzten: „Wenn es ihnen auch nicht immer gelang, die Ausfahrt früher zu erzwingen, so fanden sie sich doch bis zu $1^1/_2$ Stunden vorher unter den Schächten ein“[2]).

Dieser Mangel an Disziplin und das Schwinden der Arbeitslust beim oberschlesischen Arbeiter, der aus der Vorkriegszeit

---

[1]) Vgl. Gerke, Einige Aufgaben der neuzeitlichen Betriebsführung, in der Zeitschrift: Der Bergbau, Jahrgang 33, Nr. 4 und 5.

[2]) Jahresbericht der Preußischen Regierungs- und Gewerberäte und Bergbehörden 1921, S. 681.

als im allgemeinen ausdauernd, fleißig und willig bekannt, ist in erster Linie durch die großpolnische Propaganda zu erklären, die nach den Stürmen der Revolutionsmonate, ohne Mittel und Folgen zu wägen, in der Arbeiterschaft bestehende Gegensätze verschärft und neue künstlich erzeugt, das Ansehen der Vorgesetzten untergraben hat.

Nach diesen Ausführungen über den Leistungsrückgang im oberschlesischen Kohlenbergbau kehren wir zum Ausgangspunkt unserer Betrachtungen zurück und können als Ergebnis folgendes feststellen:

Wenn auch eine mathematisch genaue Zergliederung der leistungsmindernd wirkenden Kräfte nicht möglich ist, lassen sich doch die Hauptfaktoren und ihr Wirkungsverhältnis annähernd ermitteln: Der Rückgang der bergbaulichen Arbeitsleistung ist, wie wohl überall, auch in Oberschlesien auf die Verkürzung der Schichtzeit zurückzuführen. Doch steht dieser Faktor nicht allein da. Eine weitere, aus dargelegten Gründen gerade in Oberschlesien nicht minder bedeutende innere Ursache des Leistungsrückganges ist die gesunkene Arbeitswilligkeit.

Die Produktionssteigerung im deutsch-oberschlesischen Bergbau

Die Faktoren, von denen das Ergebnis des bergbaulichen Arbeitsvorganges abhängt, kann man entsprechend ihrer Einwirkung auf die Leistungsmöglichkeit und den Leistungsaufwand gliedern [1]) und folgendes Schema aufstellen:

---

[1]) Zwiedineck-Südenhorst, Arbeitsbedarf und Lohnpolitik. Grundriß der Sozialökonomik, Band I, 3. Buch, S. 206. – Herbig, Das Verhältnis des Lohnes zur Leistung unter besonderer Berücksichtigung des Bergbaus. Schmollers Jahrbücher 1908, Teil II, S. 192. Auch Pothmann, Der im Ruhrbergbau auf den Kopf der Bevölkerung entfallende Förderanteil und das Problem seiner wirtschaftlichen Steigerung, Jena 1916.

Natürliche Verhältnisse u. Betriebliche Verhältnisse
bestimmen die
Leistungsmöglichkeit

Leistungsfähigkeit u. Leistungswilligkeit
ergeben den
Leistungsaufwand

Leistungsmöglichkeit und Leistungsaufwand
ergeben den
Leistungserfolg

Die natürlichen und betrieblichen Verhältnisse kann man als die sachlichen, Leistungsfähigkeit und Leistungswilligkeit als die persönlichen Bestimmungsgründe des Leistungserfolges bezeichnen.

Im folgenden soll untersucht werden, inwieweit diesen einzelnen Komponenten die Produktionssteigerung im westoberschlesischen Steinkohlenbergbau zu verdanken ist.

a) Die sachliche Komponente.

Es ist wiederholt betont worden, daß die natürlichen Verhältnisse im oberschlesischen Steinkohlenbecken sehr günstig sind. Von besonderer Bedeutung ist die Mächtigkeit der Flöze. Je mächtiger die Flöze gebaut sind, desto mehr Raum ist für die Anwendung maschineller Hilfsmittel, die dem Bergmann die schweren Arbeiten erleichtern oder menschliche Arbeitskräfte ersetzen. Die Betriebsentwicklung der einzelnen westoberschlesischen Gruben zeigt, daß nichts unversucht gelassen wurde, die Produktion zu erhöhen, und daß auf die Mechanisierung als eins der wichtigsten Mittel dazu ganz besonders Wert gelegt wird. Die schon früher zahlreich benutzten und während des Krieges erheblich vermehrten Preßluftbohrhämmer werden in zunehmendem Maße durch elektrisch angetriebene, drehend wirkende Handbohrmaschinen, die vor den Preßlufthämmern den Vorzug leichterer Bedienungsweise und eines geräuschlosen und vor allem staubfreien Ganges haben, ersetzt. Da sich die im Jahre 1921 auf Gruben des Fürsten von Pleß eingeführten Schrämmaschinen[1]) bewährt haben, wurde auch auf den uns verbliebenen Gruben, besonders auf der Kons. Öhringengrube, von dieser Hilfsmaschine, die den Stückkohlenfall erhöht und Sprengstoffe spart, Gebrauch gemacht. Zum Hereingewinnen der unterschrämten Kohle wurden Preßlufthacken mit Erfolg verwandt. Bei schwachen, gering einfallenden Flözen, deren Mächtigkeit ein bequemes Befahren mit dem Förderwagen nicht gestatten, wurden Schüttel- und Rollenrutschen in größerer Zahl als bisher eingebaut. Die automatische Bremsbergförderung, die sich als sicherer und praktischer erwiesen hat als die Pendelbremsbergförderung, findet gleichfalls mehr Anwendung. Bei der Streckenförderung verdrängt die elektrische Lokomotive die Benzollokomotive.

Auch bei der Förderung der Kohlen aus dem Schacht zeigt sich das Bestreben, durch Anlage von Schiebebühnen, Umlaufkettenbahnen und anderen Einrichtungen zur Beschleunigung des Förderwagenumlaufs am Schacht dem neuesten Stande der Technik zu folgen.

Ein deutliches Bild von den Bemühungen des westoberschlesischen Kohlenbergbaues, die Menschenkraft durch Maschinenarbeit zu ersetzen, also von seiten der sachlichen Komponente den Arbeitserfolg zu erhöhen, vermittelt folgende Übersicht[2]):

Es waren vorhanden in den Jahren 1914 und 1925

	1914	1925
Schrämmaschinen	14	299
Handbohrmaschinen		
mit Druckluft-Antrieb	1 101	3 079
mit elektrischem Antrieb	76	471

[1]) Das Schrämen als Handarbeit ist sehr schwierig und mühevoll. Es besteht darin, daß mit einer Keilhaue in den Schiefer oder das Kohlenflöz ein enger und tiefer Schlitz geschlagen wird, um so die Kohle aus ihrem natürlichen Zusammenhang zu lösen (vgl. Zeitschrift für das Berg-, Hütten- und Salinenwesen im preußischen Staate 1914, S. 256).

[2]) „Oberschlesische Wirtschaft“, Gleiwitz, März 1926.

	1914	1925
Förderhaspel im Abbau		
mit Preßlnft-Antrieb	100	1 266
mit elektrischem Antrieb	37	186
Schüttelrutschen-Motore		
mit Preßluft-Antrieb	118	407
mit elektrischem Antrieb	—	41
Länge der Schienen in m	1 580	23 288
Lokomotiven		
Benzol	83	113
elektrische	29	89
Kompressoren		
Anzahl	30	53
Leistungsfähigkeit in angesaugter Luft:		
cbm je Stunde	126 800	330 680
Fördermaschinen		
Anzahl	42	54
Leistungsfähigkeit in t je Stunde	4 833	6 803

Die natürlichen und betrieblichen Verhältnisse der einzelnen Bergwerke kommen mittelbar in den Zahlenangaben auf Seite 90 deutlich zum Ausdruck. Auf der Königin-Luise-Grube wurde ein Schacht für die Gefäßschachtförderung, eine Mengenförderung großen Stils, umgebaut. Der Vorteil, den diese seit Februar 1925 in Betrieb befindliche neue Fördervorrichtung [1]), die wie die Schrämmaschine von Amerika übernommen und auf dem Festland bisher noch nicht [2]) angewandt worden ist, gegenüber dem alten Fördersystem hat, soll darin liegen, daß weniger Bedienungsmannschaften erforderlich sind und sich mittels der Skips, so werden die Kohlenkübel genannt, wegen des wesentlich günstigeren Verhältnisses zwischen Nutzlast und toter Last [3]) bedeutend größere Mengen (3 Tonnen) zutage fördern lassen als mit den bisherigen Förderwagen.

---

[1]) Vgl. hierzu die Aufsätze von Herbst und Gaertner in der Zeitschrift „Glück auf" 1913, Nr. 31 u. 32, und 1923, Nr. 6 u. 7, sowie Bansen in der Zeitschrift des Oberschlesischen Berg- und Hüttenm. Vereins 1920, Heft 1.

[2]) Nur im lothringischen Erzbergbau kam sie in den letzten Jahren zur Anwendung.

[3]) Nach Herbst (vgl. Anm. 1) beträgt dies bei der Gestellförderung 0,8 : 1, bei der neuen Vorrichtung 1,83 : 1.

Wie die Förderziffer der Königin-Luise-Grube war auch die Produktion der Konkordia- und Michaelgrube in den letzten Vorkriegsjahren im Sinken begriffen, obwohl sie erst seit dem Jahre 1873 nennenswerte Mengen fördert. Um die Produktion, die sich seit 1913 fast halbiert hatte, wieder zu heben, wurden auch bei diesem Bergwerk wichtige betriebliche Verbesserungen und Erweiterungen, wie auch auf der kons. Heinitzgrube, vorgenommen.

Die beiden gleichfalls älteren Bergwerke Hedwigswunsch und Ludwigsglück I erscheinen deshalb noch entwicklungsfähig und nicht veraltet, weil sie Sattelflözschichten von über 20 m Gesamtmächtigkeit abbauen und die Anlagen nach Grubenbränden in den Jahren 1897 und 1899 völlig erneuert worden sind.

Name des Bergwerks	In Betrieb seit	Produktion in 1000 t im Jahre					
		1913	1920	1922	1923	1924	1925
Königin Luise	1797	2315	1564	1651	1677	2019	2427
Konkordia und Michael	1848/73	952	505	506	503	588	638
Kons. Heinitz	etwa 1880	839	488	480	395	505	651
Hedwigswunsch . .	1862	1026	720	807	822	1032	1259
Ludwigsglück I . . .	1873	492	332	350	379	491	709
Kastellengo	1901	839	501	576	626	795	1071
Ksd. Donnersmarck-Hüttegrube	1905	945	604	603	566	693	878
Bielschowitz { Delbrück	1900	1072	745	760	671	766	887
Bielschowitz { Guido . .	1872						
Neuk. Paulus-Hohenzollern-Grube { Hohenzollern	1873	1354	839	1511	852	1024	1531
Neuk. Paulus-Hohenzollern-Grube { Gräfin Johanna	1909		421		724	997	1457
Ver. Karsten-Centr.	1903	542	351	601	535	689	1016
Preußen-Grube . . .	1905	750	606	754	663	761	928
Kons. Gleiwitzer Steinkohlengrube	1911	40	164	145	175	241	348
Kons. Öhringen (Sosn.)	1920/21	—	18	82	155	247	443
Beuthengrube	im Bau	—	—	—	1	51	30

Zu den jüngeren Bergwerken zählen die Kastellengo- und die Donnersmarckhüttegrube. Beide fördern Kohlen der Sattelflözgruppe, die in dem Grubenfeld der Kastellengogrube in einer Mächtigkeit von insgesamt 24 m nachgewiesen ist.

In dem Staatlichen Steinkohlenbergwerk Bielschowitz ruht das Schwergewicht der Produktion auf der Delbrückschachtanlage, da hier Sattelflöze mit einer Gesamtmächtigkeit von 34 m gelöst sind. Von den beiden Schächten war bisher nur der Delbrückschacht I als Doppelförderschacht ausgebaut. Nach der Teilung ging man hier an den Ausbau der anderen Schachtanlagen.

Ähnliche Erweiterungsbauten wurden bei der Neukons. Paulus-Hohenzollern-Grube vorgenommen. Zur weiteren Erschließung der in den Feldern der Hohenzollerngrube anstehenden Kohlen wurde erst in den Jahren 1907—1910 die aus zwei Schächten bestehende Gräfin-Johanna-Schachtanlage errichtet, deren Förderziffer in den Jahren 1909—1921 von 40 000 Tonnen auf 440 000 Tonnen gestiegen ist. Im Jahre 1922 wurde der Ulrich-Schacht, der zunächst nur zur Seilfahrt gedient hat, zum Förderschacht nach der zweiten Tiefbausohle erweitert und die Förderung aufgenommen. Durch solche Maßnahmen ist es gelungen, die Produktion weit über den Stand von 1913 hinaus zu erhöhen.

Umfassenden Erweiterungen hat auch die Verwaltung des in der Mitte der nördlichen Randmulde gelegenen Steinkohlenbergwerks Vereinigte Karsten - Centrum denselben Erfolg zu verdanken. Im Jahre 1923 war hier bereits die Vorkriegsförderung erreicht, im Jahre 1925 sogar verdoppelt. Auf diesem Bergwerk kamen umfassende Umbauten (Einbau einer vierten Schachtförderung) zur Ausführung, die den Zweck hatten, die vorhandenen Förderschächte leistungsfähiger zu machen, um eine neue Förderanlage im Ostfeld zu vermeiden.

Die Preußengrube, die wegen der steilen Flözlagerung eine besondere Abbauart (Etagenbruchbau) anwendet, hat gleichfalls die Förderziffer des Jahres 1913 weit überschritten.

Auf der ersten Stufe der Entwicklung befinden sich noch die vor wenigen Jahren erst angelegte Kons. Gleiwitzer Steinkohlengrube und die eben fertig abgeteufte Öhringen-Schachtanlage (Sosnitza).

In diesem Zusammenhang ist auf die Frage der Produktionssteigerung durch Erbauung neuer Schachtanlagen einzugehen. Schon vor der Teilung Oberschlesiens wurde dieser Gedanke erwogen, und nach der Grenzziehung hat die Staatliche Bergwerksdirektion nordwestlich von Gleiwitz mehrfach Bohrversuche unternommen. Den ersten Schritt zu einer Neuanlage hat die Gräflich Henckel von Donnersmarcksche Verwaltung gewagt. Da die Förderanlagen der Kons. Radzionkaugrube mit einem Teil des Grubenfeldes auf dem Polen zugeteilten Gebiet gelegen sind, ist man darangegangen, die Kohlen des bei Deutschland verbliebenen Feldes durch eine neue Schachtanlage zu erschließen. Bald nach der Teilung wurde mit dem Abteufen eines Doppelförderschachtes begonnen. Nachdem dieser bis zu einer Tiefe von 25 m niedergebracht war, mußten im September 1923 die Arbeiten zeitweise eingestellt werden, bis die erforderlichen Geldmittel wieder leichter beschafft werden konnten. Das Bergwerk erhielt den Namen „Beuthengrube“ [1]).

Da die Kosten eines Doppelförderschachtes sich auf viele Millionen Mark belaufen, erscheint es unter den gegenwärtigen Verhältnissen fast unmöglich, neue Förderschächte abzuteufen; es ist auch nicht so dringend nötig, da die Produktionskapazität der vorhandenen Anlagen noch größerer Nachfrage gegenüber als gegenwärtig gewachsen ist.

Für absehbare Zeit werden sich die einzelnen Grubenverwaltungen darauf beschränken, durch weitgehende Mechanisierung und Ausbau der vorhandenen Schachtanlagen einem Produktionsrückgang der älteren Bergwerke vorzubeugen, um so eine Mehrförderung zu erzielen.

---

[1]) Ende April 1926 stand der neue Schacht 155 m in der Frostmauer und hatte eine Tiefe von 60 m. Vorübergehend wurde ein auf deutscher Seite gelegener Wetterschacht der Radzionkaugrube zur Förderung benutzt. Die Förderung ist eingestellt worden, da bei der geringen Leistungsfähigkeit des Schachtes die Produktion sich zu teuer stellte.

b) Die persönliche Komponente. Mehrarbeit und intensivere Arbeit!

Die Hauptbedeutung in der Frage des Rückganges und der Steigerung der Produktion mußte man der persönlichen Komponente des Arbeitserfolges zumessen.

Während die Unternehmer unablässig bemüht gewesen sind, durch eine fortschreitende Mechanisierung, der schließlich auch Grenzen gesetzt sind, und durch Erweiterungsbauten die Arbeitsbedingungen zu erleichtern und die Produktion zu heben, verharrte die Arbeiterleistung weiter auf ihrem Tiefstand. Mit 0,922 Tonnen stellte im Jahre 1923 die durchschnittliche Schichtleistung eines unter Tage beschäftigten Bergarbeiters Deutsch-Oberschlesiens gegen das Vorjahr eine Verschlechterung um etwa 1 Proz., gegen 1921 eine Besserung um nur 1½ Proz., und nur 56 Proz. der Leistung im Jahre 1913 dar.

Aus der Erwägung heraus, daß nur durch längere und intensivere Arbeit eine wesentliche wirtschaftliche Steigerung der Produktion möglich ist, hat sich die Montanindustrie Deutsch-Oberschlesiens genötigt gesehen, den Tarifvertrag von 1920 zum 1. Januar 1924 zu kündigen, um das Arbeitsverhältnis auf einer neuen Grundlage aufzubauen.

Nachdem vom 5. Dezember 1923 ab im Ruhrbergbau die Arbeitszeit verlängert worden ist[1]), hat auch der oberschlesische Arbeiter unter dem Zwange der allgemeinen Not sich bereit zeigen müssen, vom 17. Dezember 1923 ab länger zu arbeiten. Nach dem Abkommen[2]) beträgt die Arbeit unter Tage 8½ Stunden von Beginn bis Wiederbeginn der Seilfahrt, über Tage für unmittelbar mit der Förderung Beschäftigte 1 Stunde Mehrarbeit, sonst grundsätzlich 10 Stunden ausschließlich Pause.

Der Erfolg blieb hinter den Erwartungen nicht zurück. Von 0,610 Tonnen im Durchschnitt Oktober/November 1923 stieg die Leistung des Arbeiters der Gesamtbelegschaft auf 0,900 Tonnen

---

[1]) Abkommen vom 29. November 1923 (für die Untertagearbeiter) und 19. Dezember 1923 (für die Übertagearbeiter).

[2]) Abkommen vom 13. Dezember 1923. Es ist durch Schiedsspruch fristenweise verlängert worden.

im Durchschnitt Februar/März 1924. Der beste Beweis für die wirtschaftliche Steigerung des Arbeitserfolges durch längere Arbeitszeit ist das fortdauernde Wachsen der Förderleistung. Trotz der verlängerten Schichtzeit bewies der Bergarbeiter seine Arbeitswilligkeit durch Leistung von freiwilligen Überschichten, und so stieg der Schichtförderanteil des Untertagearbeiters in den Jahren 1923, 1924, 1925 von 56,4 Proz. auf 80 Proz. und 96,6 Proz. der Vorkriegsleistung, des Arbeiters der Gesamtbelegschaft von 54,9 Proz. auf 81,9 Proz. und 101,3 Proz., der Anteil des Heuers von 64,6 Proz. auf 88,8 Proz. und 105,8 Proz. Nachstehende Tabelle gibt einen Vergleich mit dem Ruhrbezirk und Ostoberschlesien, das die verlängerte Arbeitszeit nicht hat.

Schichtförderanteil im Jahre 1925 und 1913 in t (1913 = 100 gesetzt)[1].

	Ruhrbezirk			Deutsch-Oberschlesien			Polnisch-Oberschlesien		
	1913	1925	1925 in % gegen 1913	1913	1925	1925 in % gegen 1913	1913	1925	1925 in % gegen 1913
Kohlen- und Gesteinsheuer . . .	1,845	2,100	113,82	6,764	7,156	105,8		6,767	
Heuer und Gedingeschlepper . . .	1,751	1,887	107,77		4,021			4,225	
Untertage-Arbeiter .	1,161	1,179	101,55	1,636	1,580	96,58	1,789	1,519	84,91
Bergm. Gesamtbelegschaft . . .	0,943	0,946	100,32	1,139	1,154	101,32	1,202	1,023	85,11

Die Ausführungen haben gezeigt, daß es bei der Frage der Produktionssteigerung vor allem auf die persönliche Komponente des Leistungserfolges, und zwar auf das Verständnis und den Willen des Arbeiters, ankommt. Deshalb verdient der Betriebsfaktor Mensch größte Aufmerksamkeit.

Vom Arbeitswillen hängt es ab, ob intensiv gearbeitet und die Schichtzeit in ihrer ganzen Dauer mit produktiver Tätigkeit ausgefüllt wird. Lohnpolitisch ist hierauf bei der Festsetzung

[1]) Nach „Glückauf“ 1926, S. 317 und (verbessert) S. 846.

der Mindestlöhne für die Gedingearbeiter Rücksicht zu nehmen. Durch eine zweckmäßige Gedingestellung muß vermieden werden, daß der Arbeiter sich mit dem Grundlohn begnügt und darauf verzichtet, ihn durch Mehrleistung zu erhöhen. Das Gedinge muß individuell und so gestellt sein, daß es den Arbeiter zur Schaffensfreudigkeit anspornt und ihm einen Lohn zusichert, der seinem Fleiß entspricht. Durch Zeitstudien läßt sich die Anzahl der Stunden feststellen, während deren eine tatsächliche Erzeugung hätte hergestellt werden können. Diese „Sollzeit“ dividiert durch die „Laufzeit“, d. h. die Stunden, in denen produziert wird, ergibt den sog. Rührigkeitsfaktor, einen sicheren Gradmesser der individuellen Tüchtigkeit[1]). Die individuellen Eigenschaften werden am besten durch das Stufenprämiensystem berücksichtigt, da es dem Durchschnittsarbeiter einen Grundlohn, dem fleißigeren Arbeiter aber Prämien, die mit seiner Leistung steigen, zusichert.

Das Stufenprämiensystem ist leider noch nicht allgemein verbreitet; in Anbetracht seiner Bedeutung für die notwendige Verringerung der Selbstkosten erscheint seine Einführung allgemein geboten[2]).

Durch Anspannung aller sachlichen und persönlichen Kräfte ist jedenfalls dem deutschoberschlesischen Kohlenbergbau der Versuch der Leistungs- und Produktionssteigerung gelungen.

Die westoberschlesische Steinkohle hat beweisen können, „daß sie im Zusammenwirken mit der niederschlesischen und sächsischen Steinkohle mengenmäßig und sortenmäßig durchaus in der Lage ist, die ostoberschlesische Einfuhr zu ersetzen“ [3]).

Wenn auch die Steigerung der Produktion und der erhöhte Förderanteil des Arbeiters teilweise der Mechanisierung und dem Umstand zugeschrieben werden muß, daß unproduktive

---

[1]) Rummel, Berichte der Fachausschüsse des Vereins deutscher Eisenhüttenleute, Nr. 11, a. a. O.

[2]) Vgl. Fryczkowski, Organisation der Entlohnung auf Steinkohlengruben. Zeitschrift des Oberschlesischen Berg- und Hüttenm. Vereins Kattowitz 1925, S. 481.

[3]) Bericht des Reichskohlenrats. März 1926.

Arbeiten zurückgestellt wurden, um die rege Nachfrage zu befriedigen, so ist sie auch zum nicht geringen Teil der intensiveren Arbeit zu danken, die nicht mehr durch polnische Unruhestifter beeinträchtigt werden konnte.

Die Erreichung des durch das Mehrarbeitsabkommen angestrebten Zieles, „der Notlage der deutschen Wirtschaft durch Steigerung und Verbilligung der Produktion zu steuern", ist dann gewährleistet, wenn ein jeder zu der Einsicht gelangt, daß der Wiederaufbau der deutschen Wirtschaft nur dadurch möglich ist, daß alle ihre ganze Kraft in den Dienst dieser hohen Aufgabe stellen.

MODERNE
WIRTSCHAFTSGESTALTUNGEN
HERAUSGEGEBEN VON
KURT WIEDENFELD
HEFT 9

Die oberschlesische Montanindustrie vor und nach der Teilung des Industriebezirks

von

Dr. Paul Deutsch

BONN 1926
A. MARCUS & E. WEBERS VERLAG
(Dr. jur. Albert Ahn)

Fortsetzung umstehend!

Otto Wigand'sche Buchdruckerei G. m. b. H., Leipzig.

FSC
www.fsc.org
MIX
Papier | Fördert
gute Waldnutzung
FSC® C083411

Kolibri 360 GmbH
Ferdinand-Jühlke-Straße 7
99095 Erfurt, Deutschland
produktsicherheit@kolibri360.de